【俄】亚·别列里曼　著

物理无处不在
PHYSICS

张杰　主译

张欣莉　黄贵丽　王秋爽　李吉飞　译

U0198290

上海图书馆

上海科学技术文献出版社

图书在版编目（CIP）数据

物理无处不在/（俄罗斯）亚·别列里曼著；张杰主译. —上海：
上海科学技术文献出版社，2013.7

ISBN 978-7-5439-5762-6

Ⅰ.①物… Ⅱ.①亚…②张… Ⅲ.①物理学—普及读物
Ⅳ.①04-49

中国版本图书馆 CIP 数据核字（2013）第 022895 号

责任编辑：张　树　王卓娅
封面设计：周　婧

物理无处不在

[俄] 亚·别列里曼　著　张　杰　主译
出版发行　上海科学技术文献出版社
地　　址　上海市长乐路 746 号
邮政编码　200040
经　　销　全国新华书店
印　　刷　昆山市亭林彩印厂
开　　本　740×970　1/16
印　　张　9.25
字　　数　170 000
版　　次　2013 年 7 月第 1 版　2013 年 7 月第 1 次印刷
书　　号　ISBN 978-7-5439-5762-6
定　　价　20.00 元
http://www.sstlp.com

目　录

Mulu

第一章　力学知识

爱迪生岩石

美国著名发明家爱迪生在去世之前想要奖励一名最机智聪明的青年人,资助他完成未来的学业。为此在全国范围内进行了挑选,每个州选出一名优秀的中学生,他们来到爱迪生的家。这 50 名学生在爱迪生的家里参加了笔试,他们需要回答 60 道题,这些问题由爱迪生和他的同事们共同拟定。担任主考官的有爱迪生、"汽车之王"福特、著名飞行员林德伯格以及几位美国的著名教育家。我想把这次

图1　美国发明家和企业家托马斯·阿尔瓦·爱迪生(1847—1931)

竞答游戏中的一个问题提供给读者，该问题如下：

设想一下，你处于太平洋上的一个热带岛屿，手里没有任何工具，你如何将一个重 3 吨，长 100 英尺，高 15 英尺的花岗岩巨石移开？

这个问题似乎无法解决。空手如何能将这个重达 3 吨的巨石移开呢？

不过我们不妨更深入地思考一下这个问题，并且尽量直观地想象一下这块爱迪生岩石。我们已知这块岩石的重量、长度和高度，然而其厚度却只字未提。为什么爱迪生未提其厚度呢？问题的答案是否就隐藏于此呢？

我们可以计算出这块岩石的厚度。首先我们根据其重量计算出它的体积。已知这是一块花岗岩，我们可以从有关书籍中查到每立方米花岗岩的重量。在不同材料的比重表中，我们得知花岗岩的比重是整数 3。就是说，1 立方厘米的花岗岩的重量为 3 克，或者说，1 立方米的花岗岩重量为 3 吨。换算公式是 1 立方米等于 100 万立方厘米，1 吨等于 100 万克。如果这块爱迪生岩石每立方米的重量为 3 吨，而这块岩石的重量正好为 3 吨，那么，我们就知道这块岩石的体积是 1 立方米。

如此小的体积，但岩石的长度却为 100 英尺，高度为 15 英尺。显然，这块岩石

图 2　爱迪生的问题：在不使用任何工具的前提下，将长 100
英尺，高 15 英尺的花岗岩巨石移走。

非常薄。那么，我们来估算一下它的厚度。我们知道，体积等于长度乘以高度再乘以宽度，所以，用体积除以长度再除以高度，就可以得出厚度。这样，先用岩石的体积，也就是 1 立方米除以 100 英尺（约为 30 米），然后再除以 15 英尺（约为 5 米），当然也可以直接先算 30×5＝150，这样可以得出什么结果呢？岩石的厚度为1/150米，也就是说约等于 7 毫米。

图 3　爱迪生问题中的岩石形状

爱迪生岩石的厚度原来只有 7 毫米！我们想象一下，在一个小岛上耸立着这样一面薄薄的花岗岩墙壁，这是一种大自然的奇异现象。空手推倒这样一面石墙并非难事，稍微用力拱一下，或者跑几步推一下，岩石就会应声倒下。

从莫斯科到圣彼得堡

现在你们已经明白，知道某种物质每立方厘米的重量（以克为单位）是很有用处的，在物理和技术领域这一重量称作该物质的比重。

例如，如果你们知道铁的比重约为 8，就可以在已知体积的前提下，通过简单的计算算出任何一个铁制品的重量。要想知道其重量，不需要将铁制品放在秤上，只需要将该物体的体积（以立方厘米为单位）乘以 8。例如，你需要提前预算出某个还没有制成的，仅仅画在施工图纸上的产品的重量，此时只能采取上述计算方法。

我们可以列出一道这样的问题：

连接莫斯科和圣彼得堡的铁制电报线的重量是多少？已知条件是：电报线的厚度为 4 毫米，长度为 650 千米。

当然，可以单纯地通过计算解决这个问题，根本不必将铁丝从电线杆上扯下来卷成团称重。首先，我们要计算出铁丝的体积。根据几何公式将铁丝横断面的面积乘以它的长度。这个铁丝横断面的面积是直径 4 毫米，或者说 0.4 厘米的圆的面积。根据几何公式，圆的面积为：

$3.14 \times 0.2^2 \approx 0.126$ 平方厘米

铁丝的长度为：

650 千米＝650 000 米＝65 000 000 厘米

也就是说，铁丝的体积为：

$0.126 \times 65\ 000\ 000 = 8\ 190\ 000$ 立方厘米，取整为 8 000 000 立方厘米。

我们已知每立方厘米铁的重量为 8 克，所以，从莫斯科到圣彼得堡的电报线的重量是：

$8 \times 8\ 000\ 000 = 64\ 000\ 000$ 克＝64 吨

也就是说，这段铁丝的重量约等于一个火车头的重量。如果我们将连接莫斯科和圣彼得堡的这些电线放在天平的一个秤盘上，为使天平达到平衡，需要在另一个秤盘上放一个火车头。

此外，通过类似的计算我们还可以算出连接地球和月球的电报线重量，虽然这没有必要，因为在地球和月球之间拉上这样一条电线实际上是不可能的。既然我们都知道地球与月球之间的距离，铁丝的直径和物质的比重也是已知条件，那么其他只需要用铅笔在纸上计算就可以了。

接下来，我们就来尝试做一下这类神奇的计算吧。

从地球到太阳

什么东西能比蜘蛛丝更柔软、更纤细呢？蛛丝的纤细常常出现在俗语中自有其道理。蜘蛛丝的粗细只有头发的 1/10，其直径只有 0.005 毫米。蜘蛛丝之所以很轻，是因为它十分纤细，然而就其本身的材质来看，蜘蛛丝并非那么轻。其比重，即 1 立方厘米的重量，为 1 克。也就是说，蜘蛛丝的比重比柞木还重，只是由于蜘蛛丝特别纤细，其重量才如此之轻。现在，我们已经为读者提供了解答下面这个有趣问题所需要的所有数据（这个问题由俄罗斯著名的物理学家钦格尔提出）：

已知地球与太阳之间的距离为 150 000 000 千米，如果从地球到太阳拉一条蜘蛛丝，那么蜘蛛丝的重量为多少？

如果不通过计算，即使是粗略地回答这个问题，也未必有人答出，因为地球到太阳的距离过于遥远，而蜘蛛丝又过于纤细，无法预先猜出问题的答案。我们还是来计算一下吧，这个问题的计算方法与前面计算电报线的方法相同。

已知蜘蛛丝的直径恰好为 0.005 毫米，或者说 0.000 5 厘米，我们首先计算蜘蛛丝横切面的面积：

$3.14 \times 0.000\ 25^2 \approx 0.000\ 000\ 2$ 平方厘米

蜘蛛丝的长度为：

150 000 000 千米＝15 000 000 000 000 厘米

这样，我们可以得出这一整根蜘蛛丝的体积：

$0.000\ 000\ 2 \times 15\ 000\ 000\ 000\ 000 = 3\ 000\ 000$ 立方厘米

我们知道，1 立方厘米的蜘蛛丝的重量为 1 克，因此这根蜘蛛丝的重量为：

3 000 000 克＝3 000 千克＝3 吨

由此可以得出，从地球拉到太阳的这根蜘蛛丝的重量仅为 3 吨！这些蜘蛛丝可以用一艘合适的货运飞船运去呢！

铜像里面有砂眼吗？

了解比重知识可以帮助我们解决许多其他问题，比如不用锯开制品，我们就可以看到制品的内部结构，洞察制品内部是否存在砂眼。下面，我们来看这样一个例子：

现在你的手中有一个铜铸件，比如是一尊塑像，你想知道这尊铜像浇铸的是否成功，里面是否有砂眼。当然，你不想钻开铜像，总之，你不想毁坏这个塑像。应该怎么办呢？

首先，我们需要确定铜像的体积。为此，我们先向一个长方形的玻璃瓶中注水，同时观察水位的高度，然后将铜像浸入水中，根据水位的升高，可以很快计算出这尊铜像的体积。假如，玻璃瓶宽 12 厘米，长 15 厘米，水位升高了 1.5 厘米，那么，铜像所排出的水的体积就等于：$12 \times 15 \times 1.5 = 270$ 立方厘米。这个增加的部分自然就是铜像的体积。1 立方厘米铜的重量约为 9 克，因此，如果铜像的内部密

实无砂眼,那么它的重量约为:

270×9＝2 430 克。

接下来,用秤称一下(在这种情形下没有秤不行),然后就可以知道,实际上这个铜像的重量总共为2 200 克,少了 230 克。这说明,在铜像的内部有一个或几个砂眼,这些砂眼的总体积刚好等于所缺少的 230 克铜的体积。那么 230 克铜的体积是多少呢? 用230 除以 9,得出这些铜的体积约为 25.5 立方厘米。

图 4   确定铜像体积的简便方法

所以,在不损坏铜像的条件下,我们不仅知道了铜像内部存在一个或几个砂眼,甚至还算出了这些砂眼的体积约为 25 立方厘米。

哪种金属最重?

在日常生活中,铅被认为是重金属,它比锌、锡、铁、铜都重,但是铅仍然不能算作最重的金属。汞是一种液体金属,但它比铅重。如果在汞上面放一块铅,铅不能沉入汞中,而会浮在汞的上面。你很难用一只手将一瓶 1 升装的汞提起来,因为它的重量差不多有 14 千克。但是汞也不是最重的金属,金和铂比汞要重1.5 倍。

比上述金属还重的是铱和锇,它们几乎比铁重 3 倍,比软木重 100 倍还多。

也就是说,需要 110 个软木塞才能与一个铱或锇制成的同等大小的塞子平衡。

为了查询方便,我们将一些金属的比重列举如下:

锌...7.1

锡...7.3

铁...7.8

铜...8.9

铅..11.3

汞..13.6

金..19.3

铂..21.5

铱..22.4

锇..22.5

哪种金属最轻?

科学工作者把比铁轻两倍及两倍以上的金属称为轻金属。工程技术中最常使用的轻金属——铝的比重只有铁的 1/3。还有一种更轻的金属——镁,它的比重约为铝的 1/1.5。近年来,工程技术中开始使用铝和镁的合金,这种著名的合金被称为铝镁合金。这种合金强度上丝毫不逊色于钢,但其比重只有钢的 1/4。所有金属中最轻的是锂,但是它在技术领域中尚未得到应用。锂比云杉木还轻,将锂抛入水中根本不会下沉。

如果将最重的金属铱和最轻的金属锂作比较,铱要比锂重 40 多倍。下面是几种轻金属的比重:

锂...0.53

钾...0.9

钠...1.0

镁...1.7

铝...2.7

两个铁耙子

人们常常将重量与压力这两个概念混为一谈,其实它们并不是一回事。一个物体可能自身重量很大,但它施加给其他物体的压力却很小。相反,有的物体自身重量很小，但它却能给其他物体施加很大的压力。

通过下面的例子你会清楚地看到重量与压力的区别，并且可以学会怎样计算一个物体施加给另一个物体的压力大小。

地里有两个结构相同的耙子，一个约有 20 个铁齿，另一个约有 60 个铁齿。第一个耙子能耙起重 60 千克的东西，第二个耙子能耙起重 120 千克的东西。

现在请你们想一想，哪个耙子耙地更深？

其实这个答案很容易得出，哪个耙子的铁齿承受压力大，哪个耙子耙地越深。具体计算如下：第一个耙子有 20 个铁齿，能承重 60 千克，每个铁齿分担的压力为 3 千克。第二个耙子每个铁齿分担的压力为 120 除以 60，等于 2 千克。这就是说，虽然第二个耙子比第一个耙子重，但它的铁齿铲入土壤较浅。因此，结论是第一个耙子每个铁齿承受的压力比第二个耙子大，故第一个耙子耙地更深。

木 桶 盖

下面我们来学习一种计算压力的方法。

两个腌渍酸白菜的木桶上分别盖有圆形的盖子，盖子上面压着石头。第一个木桶的盖子直径为 24 厘米，可负重 10 千克。第二个木桶的盖子直径为 32 厘米，可负重 16 千克。

请问哪个木桶里的白菜承受压力更大？

很明显，每平方厘米承重较大的木桶内的白菜承受的压力更大。第一个木桶上的 10 千克重量分布在 $3.14 \times 12 \times 12 = 452$ 平方厘米的面积上，这就意味着 1 平方厘米承受的压力为 10 000 除以 452，约为 22 克。同理，第二个木桶 1 平方厘米承担的压力为 16 000 除以 804，即不到 20 克。因此，第一个木桶承受的压力更大。

马 与 拖 拉 机

走在泥泞的道路上，人和马很容易陷进去，而比人和马重很多的重型履带式拖拉机却可以在上面行驶自如。许多人困惑不解，这是为什么呢？

为了弄清这个问题，我们需要再次理清重量和压力的差别。

在这样的道路上,陷得更深的不是重量较大的物体,而是使单位面积的泥土受重较大的物体。拖拉机重量很大,但是这些重量分散在表面积很大的履带上。因此,拖拉机施加给每平方厘米泥土的压力仅为 100 克左右。与此同时,马的全身重量都集中在马蹄下很小的面积上,马蹄下面的泥土每平方厘米所承受的压力大约是 1 000 克,这差不多是拖拉机的 10 倍。因此,在泥泞的道路上,马相比拖拉机更容易陷进去就不足为奇了。很多人也许见过这样的情景:人们为了让马匹在泥泞的道路上正常行走,会给这些马穿上宽大的"鞋子"。穿这些"鞋子"的目的就是用来增加马蹄与地面的接触面积,防止马匹深陷泥潭。

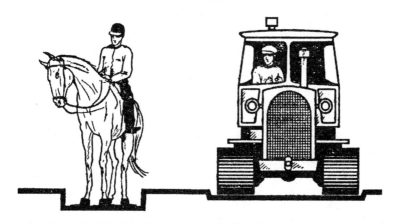

图 5　为什么马陷进去了,而重型履带式拖拉机没有陷进去?

锥子和凿子

同样使用锥子和凿子,为什么锥子比凿子钻得更深呢?

原因在于单位面积上所受的压力不同。在对锥子施力的情况下,所有的力量都集中在锥子尖部很小的面积上,而对钝头的凿子施以相同的压力,这些力量分布在其较大的表面上。举个例子,锥子与其接触的物体之间的面积为 1 平方毫米,而凿子与其接触的面积则为 1 平方厘米。如果向这两个工具施加的压力均为 1 千克,那么凿子下面 1 平方厘米的物体受到的压力为 1 千克,而锥子下面的物体受到的压力则为 1 : 0.01 平方厘米(1 平方毫米 = 0.01 平方厘米),即 1 平方厘米的物体受到的压力为 100 千克。锥子下面的物体受到的压力是凿子下面的物体受到压力的 100 倍,这就是锥子比凿子钻得更深的原因。

现在可以告诉你们，缝衣物的时候，手指对针施压，针尖在单位面积上施加的压力并不比蒸汽锅里水蒸气产生的压力小。刮脸刀的原理也是如此：手轻轻地用力，刮脸刀薄薄的顶端便会产生 1 平方厘米 100 千克的压力——毛发自然就会被刮下来了。

摩天大厦的压力

欧洲最高的塔是位于巴黎的埃菲尔铁塔，虽然它是用铁建造的，但是它的重量要比美国著名的摩天大厦轻很多。原因就在于埃菲尔铁塔是空心结构，整体镂空，而摩天大厦的内部并无空隙，体积和重量都十分巨大。可以想象，这样的大厦其重量会是多么的不可思议。但是，如果你们认为它对土壤的压力同样十分巨大，那就错了。这种压力十分适中，对于摩天大厦这样的超高建筑物来说，这样的压力其实小得超乎想象。如果你们看完下面摘自美国作家邦德的《技术领域的英雄》中的一段话，就会知道其中的奥秘了。

这里叙述的是人们正在参观美国一座建设中的摩天大厦。其中一位参观者对工地的工长提出一个问题：

"摩天大厦的极限高度是多少？地基恐怕承受不住它的重量的！"

"承受得住，"工长回答说，同时他开始考虑用直观的例子来说明这个问题。工长从衣袋里拿出一个小螺栓，将螺丝帽拧了下来，并测量出螺丝帽的表面积约为 6 平方厘米。他将螺丝帽放在地上，然后整个人踩在上面。

"请看，现在我对地面施加的压力并不比整个摩天大厦施加的压力小。"他说道。

"一点儿没错，"我们都不解地看着他。他接着说："我的体重是 82 千克，将 82 千克分摊在到 6 平方厘米的面积上，那么，1 平方厘米承受的压力是多少呢？"

"约为 13.5 千克。"

"没错。纽约城市建设规范中规定，地基的承载重量不能超过每平方厘米13.5 千克。"

"可是，这样一个巨大的建筑物施加到地上的压力每平方厘米不超过 13.5 千克，这恐怕让人难以置信吧？"

"大厦靠地基来支撑，它将总重量分散到大量的混凝土上。大厦下面一共有 70 个混凝土基座，每个基座的宽度都达到 6 米。建筑物的总重量将达到 120 000 吨，还远没有达到极限呢。我们已经计算过，在 3 600 平方米的地基上可以建造一个 150 层、600 米高的大厦，其重量约为 520 000 吨。"

需要说明的是,600 米高的摩天大厦美国人还没有建成,不过,著名的埃菲尔铁塔所保持的 300 米高的纪录已经被改写:纽约已经耸立着两座建成的摩天大厦,其高度都超过埃菲尔铁塔,其中一个超出埃菲尔铁塔 20 米,另一个则超出 80 米。

在 车 厢 里

一列火车以每小时 36 千米的速度向前行驶。你站在车厢里,向上跃起,并在空中停留一秒钟。那么,当你落地时,是落在你起跳的地方还是落在其他地方? 如果是落在其他地方,是更接近于车厢的前端还是后端呢?

令人奇怪的是,你正好会落在起跳的位置上,这是为什么呢? 原因在于,脱离地面并停留在空中的时候,根据惯性原理你会以同样的速度与火车一起向前运动,脚下的车厢向前移动,而你也会以同样的速度在跳起位置的上方向前移动。

在 轮 船 上

两个人在一艘行驶的轮船甲板上扔球。一个人站在船尾,另一个人站在船头。

图 6

请问,哪个人将球扔给对方时更费力,是站在船尾的人,还是站在船头的人?

这个问题就像前面提过的问题一样,答案同样出人意料:他们中的任何一个人都不会占优势,两个人会同样轻松地扔球,或者同样地费力。

乍一看上去,这似乎并不符合实际。因为船头的人是和轮船一起向前移动的,扔向船头的球应该是追赶站在船头的那个人;相反,扔向船尾的球是迎着站在船尾的人飞过去的,速度应该更快。肯定是这样。然而,还需要考虑到一点,从船尾扔向船头的球其速度需要加上轮船本身的运行速度,而从船头扔向船尾的球,其速度需要减去轮船本身的运行速度。因此,前一个球的劣势减弱了,而后一个球的优势同样也减弱了。所以,两个球其实是处在同样条件下。

如果不是这样,那么朝向东方,顺着地球自转方向射击的人,就应该比朝向西方,逆着地球自转方向射击的人更具备优势。实际上,类似的情形却并不存在。

道 路 与 马 车

装有货物的马车总重为 500 千克,那么,为了拉动这辆车,马需要付出多大的力气呢?

当然,所需要的力量首先取决于车的速度,车拉得越快,施加在马车上的力量就应该越大。但是这并不意味着,只用最小的作用力就可以使车移动,即使是很缓慢地移动。

众所周知,一个小孩子无论怎么用力地拉马车,他都无法拉动。那么,为了能够拉动马车,并且让马车保持这样的移动速度,所需要的最小力量应该是多少呢?

实验表明,拉动马车所需要的力取决于马车的重量和道路状况。如果是平坦的沥青路面,拉动马车所需的力量只是马车重量的 1/100;如果是较差的卵石路面,拉动马车所需的力量应该是马车重量的 1/30。因此,如果装满货物的马车重量为 500 千克,那么,要在平坦的沥青路面上拉动它所需要的力量为:$500 \times 0.01 = 5$ 千克。要在平坦的卵石路面上拉动它,则大约需要比在沥青路面上多 3 倍的力量,即 15 千克。这说明,同一匹马在沥青路面上可以运送的货物重量是卵石路面的 3 倍。

同一匹马在轨道上可以运送更重的货物,其重量是卵石路面的 6 倍。

由此可见,一个国家拥有完善的道路具有巨大的经济意义,因为良好的道路可以极大地节约资源。

最为经济的道路就是水路,即使在我们并未考虑顺流或逆流的情况下同样如此。

两 枚 硬 币

你将一枚 1 戈比的硬币和一枚 5 戈比的硬币向上举起,高度相同,然后松手,让它们同时下落。哪一枚硬币会先落到地上?硬币下落时都是竖直向下,可以轻松地穿过空气,所以硬币下落时的空气阻力可以忽略不计。

通常认为,重的物体比轻的物体坠落速度快(即使在真空中)。所以,对于这个问题的回答肯定是这样,5 戈比的硬币比 1 戈比的硬币先落地。然而,即使不做实验,也可以证明这种答案是错误的。

假设我们认为,重的物体真的比轻的物体下落更快,那么让我们看一下,这样的设想会把我们带向哪里。既然 5 戈比的硬币比 1 戈比的硬币下落速度快,若是将这两枚硬币粘在一起(比如用蜡),它们会如何下落呢?回忆一下,当你牵着小弟弟的手走路的时候,你的步伐会因弟弟缓慢的步伐而变慢。同理,1 戈比的硬币会减慢 5 戈比硬币下落的速度,所以,这两个粘在一起的硬币应该比单独一个 5 戈比硬币下落的速度缓慢。

结果会是怎样的呢?6 戈比的硬币比 5 戈比的硬币下落得慢一些,重的物体竟然比轻的物体下落得缓慢!可是我们起初却认为,重的物体比轻的物体下落得快。看来我们最初的设想是错误的。

这样看来,重的物体比轻的物体下落速度快似乎是错误的。难道重的物体果真下落速度慢吗?我们再来看一下。再设想一下,我们仍将两枚硬币粘在一起。这次我们认为下落快的 1 戈比硬币应该不会减慢,反而会加快 5 戈比硬币下落的速度,那么,这两枚粘在一起的硬币将比一枚单独的 5 戈比硬币下落速度快。结果如何呢?6 戈比硬币比 5 戈比硬币下落得快,原来重的物体比轻的物体下落速度快!又一次使我们迷惑不解,因为这次我们认为重的物体下落速度慢……

现在你们清楚了,无论是认为重的物体比轻的物体下落速度慢还是快,其实都是错误的。剩下的只有一种可能:重的物体和轻的物体其下落速度相同。这才是正确的想法,即所有物体都是以同样速度下落(如果不计空气阻力)。

也就是说,这两枚硬币一定是同时落地。只要做一个简单的实验就可以证实这一点:将两枚硬币举到同样的高度,然后同时松手,你将听到的不是两声,而是连成一体的一声(为了使实验效果更为明显,最好让硬币落在硬的东西上)。

源 于 古 书

接下来你们看到的这个推理是 17 世纪天才科学家伽利略·伽利莱提出来的。他第一个证实了我们的地球并非静止不动，而是像其他行星一样，一边围绕地轴自转，一边围绕太阳公转。伽利略不仅是一位伟大的天文学家，也是一位伟大的物理学家，堪称物理学之父。

图 7 物理学奠基人伽利略·伽利莱

或许，你们会饶有兴趣地阅读这段摘自他著作中的原文资料。在这段文字中，他谈到了自由落体，他提出的原理第一次得以证实。这段文字讲述的是两位科学家之间的辩论，其中一位坚持古代思想家亚里士多德提出的自由落体的陈旧观点，伽利略同时代的所有科学家都盲目地坚信亚里士多德的学说。这场辩论的另一位参与者就是伽利略本人。

现在，让我们翻开这本由这位伟大的物理学奠基者撰写的著作，阅读其中的两页：

亚里士多德坚信，不同物体在相同环境下会以不同的速度运动，所以重 10 倍的物体其运动速度也会快 10 倍。

亚里士多德是否在实验中验证过这一点，对此我深表怀疑。如果有两块石头，一块石头比另一块重 10 倍，那么在 100 肘长的高度（肘长是古时的长度单位，一肘长约为 0.5 米）让这两块石头同时下落，这两块石头真的会以不同的速度下落吗？当大块石头已经到达地面时，另一块小石头真的仅仅才下落了 10 肘长的距离吗？

依您所言，看来您已经做过类似的实验，否则您不会这么讲。

不做这样的实验，我们也可以通过简单的推理来证明这种说法不成立。两个相同物质构成的物体，重的物体要比轻的物体下落速度快。比如说，我们有两个下落速度不同的物体，如果我们将这两个物体连在一起，那么下落速度较快的物体，其速度会减慢，而下落速度较慢的物体，其速度会加快。您同意这一点吗？

我认为这一点完全正确。

如果这一点是正确的，那么也就是说，假如大块石头以 8 肘的速度下落，而小块石头以 4 肘的速度下落，若是将它们连在一起，它们的下落速度应该比 8 肘要慢，这一点也应该是正确的。但是要知道，两块石头的总重量比那块以 8 肘速度下落的大块石头重，这样就会出现这种情形，即新的大块石头（也就是连接而成的两块石头）比小块石头下落的速度缓慢，而这个结论与您的观点相矛盾。您看，起初假设较重物体比较轻物体下落的速度快，我却让您得出了另外一个结论，即较重物体比较轻物体下落的速度慢。

我现在完全糊涂了，不过我还是觉得，与大块石头连在一起的小块石头会增加大块石头的重量，所以也应该会加快其下落速度，或者至少不会减缓其下落速度。

您又犯了新的错误，以为小块石头似乎增加了大块石头的重量，这种看法是错误的。

这是怎么回事？这简直让人无法理解。

如果我指出您错在何处，那么您就会明白了。请您弄清一点，即这个问题中的物体是处于运动状态还是静止状态。如果我们将一块石头放入天平的一个秤盘中，由于添加了这一块石头，重量当然就会增加，甚至添加一块麻絮，重量也会增加。但是，如果您拿一块用麻絮捆扎的石头，然后让它从高处自由下落，您认为，下落过程中，这块麻絮会对石头施加重量并加快其下落速度呢，还是这块石头由于麻絮的作用反而会减慢下落速度呢？比如说，如果我们尽力不让肩膀上的重物向下移动，这时我们会明显地感觉到它的重量。但是如果我们以同样的速度向下移动，而背上的重物如何对我们施压并加重负担呢？您或许会同意这一点，这类似于假如我们想要用长矛刺中以同样速度在我们前面奔跑的人，我们该怎么做呢？所以，您应该可以得出结论：在自由落体过程中，小块石头并不会对大块石头施压，也不会增加其重量，就如同处在静止状态一样。

那如果较大的石头是在较小的石头之上呢？

假如它的下落速度更快，那么它就应该增加了小块石头的重量。不过我们已经发现，假如较轻物体下落得较慢，那么它就会减慢较重物体的下落速度，因此，连在一起的两块石头会比一块石头下落的速度慢，这与您的假设相矛盾。所以，请您接受这一结论，即同样比重的大物体和小物体将以相同的速度下落。

值得一提的是，早在伽利略之前，古罗马诗人兼学者卢克列齐·卡勒就曾提出过类似的观点。

他在长诗《物质之本质》中提出，自由下落的物体并不会相互施压。此外，他清楚地意识到，不同物质在空气或液体中下落速度不同，其原因就在于物质所处的周围环境导致出现不同的阻力。

下面就是这部长诗中具有启迪意义的部分：

如果有人认为，
最沉重的物体在空旷的空间飞速穿过，
下落在较轻的物体之上，
以此产生可以运动的推力，
这就远远偏离了正确之路。
水和空气是很轻的物体，
它们不能减缓同样物体的下落，
总会为沉重物体让路。
但是真空无论何时、何处，
对任何物体都无法产生阻力，
因为真空天性屈服于任何物体的影响。
因此，不同重量的物体在静止的真空中下落速度应该一样。

沿着斜坡向上

我们已习惯于这种情形：卷成筒状的物体顺着倾斜面滚落下来。而如果物体沿着倾斜面向上滚动,我们则将其视为奇迹。不过要创造这种幻想般的奇迹,其实并不困难。

取两个尺寸相同的轻木圈,并将它们固定在一个小轴上作为轮子(图8),然后将一根细绳的一端固定在小轴上,绳子的另一端系上一个重物。接下来,将绳子缠在小轴上,并使重物紧紧与小轴相连,然后,将轮子放在倾斜的板上。这时,它们就会自己滚动起来,不过不是向下,而是沿着倾斜板向上滚动。

图8 轮子自己能够沿着倾斜面向上滚动

原因很简单:想要下落的重物在解开绳子的时候,就会迫使轮子旋转,而轮子就会沿着倾斜面向上滚动。当然,这个斜面的倾斜角度不能太大。这个小实验并未违反任何物理原理。如果认真地做这个实验,你就会发现,虽然轮子向上滚动,但是重物的位置却比开始时的位置下降了一些。只不过整套实验用具总的重心变低罢了。

我们的这个实验还可以做得更有意思一些。用纸将轮子糊上,让它变成一个圆柱体,将其内部的简单"构造"隐藏起来。现在,将绳子缠在小轴上,把这个圆柱体放在倾斜板的中间,然后问观众:这个圆柱体会向什么方向滚动,是向上还是向下?毫无疑问,所有人都会说向下滚动。但是,当他们亲眼目睹这个圆柱体向上滚动的时候,一定会惊讶不已。

怎样为地球称重?

首先需要解释一下"为地球称重"这句话的含义。要知道,假如可以将地球放在某个秤上称重,那么这样的秤要放在哪里呢?当我们说到某个物体重量的时候,实际上说的是这个物体受地球吸引所产生的力,或者是物体落向地球或地心所产生的力。可是地球并不能自己落向自己!因此,不弄清这些概念,谈论地球的重量便毫无意义。

所谓"地球的重量",其含义应当是这样的。设想一下,从地球上切下一块高为1米的立方体并称出其重量。然后将测出的重量记录下来,再把它放回原来的位置。然后再切下相邻的一块立方体,称出其重量。记录第二块立方体的重量之后也把它放回原位。然后再切第三块。如果将构成我们地球的物质逐个切成立方体,并逐一称出其重量,然后再把它们的重量相加,我们就会知道构成地球的所有物质的总重量。说得简单些,如果按照上述方法去做,我们就会称出地球的重量。

然而,实际上,要完成这样的工作是不可能的。即使我们可以将地球的表面切割下来,也无法深入到地球的内部。目前,人类还没有挖掘到地球内部超过 4 千米的地方,而到达地心的距离有 6 000 多千米……,这是否意味着,人们应该放弃为地球称重的希望呢?其实,为地球称重还有间接途径,科学家们沿着这一思路一直在努力,而且已经取得了巨大的成就。下面,我们来了解一下这种称重方法。

我们知道,物体的重量是该物体受地球吸引所产生的作用力。1 立方厘米水受地球吸引所产生的力是 1 克(其重量为 1 克)。如果我们取的不是 1 立方厘米的水,而是 1 立方米的水,就是说比 1 立方厘米多 100 万倍,那么它所受到的引力也会强 100 万倍,它的重量就是 1 000 000 克,即 1 吨。也就是说被称重的物体和地球之间的引力还取决于包含其中物质的数量,所以,假如我们地球自身所包含的物质多 100 万倍,那么,在这样的地球上 1 克的重量就是 1 吨。相反,假如地球自身所包含的物质少 100 万倍,那么,它对所有物体的引力也会相应地弱 100 万倍,那么,地球上 1 克的重量就只是百万分之一克。

这种间接测量地球重量的方法是,科学家们先制作了一个很小的地球,并测算出它对 1 克重的物体能产生多大的引力。具体做法大致是这样的:选一个灵敏精确的天平,在天平的一个秤盘上挂一个小球,在另一个秤盘上放上相同重量的砝码。然后,在天平的第一个秤盘下面放一个已知重量的大铅球。这时,天平开始失去平衡:大铅球将挂在天平秤盘上的小球向自己吸引,并促使秤盘下垂。为了让天平恢复平衡,需要在另一个天平秤盘里再放上相应的重物。添加重物的重量就是大铅球对小球的引力。现在我们可以知道,地球的引力比铅球的引力大多少倍了。但是这并不意味着,地球比铅球重这么多倍,还需要考虑到悬挂的小球距地心 6 400 千米,而距铅球的球心只有几厘米。科学家们清楚地知道,随着距离的扩大,物体之间的相互引力也在减弱。所以他们可以计算出在这种情形下不同距离的影

响系数,并且确定出地球自身的重量比铅球应该重多少倍。总之,科学家们可以算出地球的重量了。经计算,地球的重量是:

6 000 000 000 000 000 000 000 吨,即 60 万亿亿吨。

假如我们用秤来称这个重量,如果每一秒钟在秤盘里放上 100 万吨的重量,请问,为了完成这样的称重,即使我们不间断地、不分昼夜地工作,一共需要多长时间吗?整整两亿年!而 100 万吨的重量是一个什么概念呢?它要比人类建造的最重建筑物还要重很多倍。埃菲尔铁塔的总重量才 9 000 吨,而巨型轮船、战舰和大型油轮的重量也不超过 3 万—5 万吨。

最令我们惊讶的是人类所具有的这种科学创造能力,他们竟能测量出如此庞大的重物,能够称出他们生活其上的星球的重量。

当然,实际上这个实验并不像我们叙述的这么简单。为了让这一实验更具直观性,我们只好尽量简化这一过程,省略所有的细枝末节。铅球的引力非常微弱,为了测算这种引力,需要很多非常精确而又复杂的仪器,而这些仪器设备只有那些想要重做这个实验的人才会感兴趣。

跳　高

从地面向上跳起 1 米在田径比赛中被认为是很好的成绩,而跳起 1.5 米的高度就是创造纪录了。不过应该如何计算此时的跳跃高度呢?

最简单的方法似乎就是确定身体最低点离开地面的最大距离。如果这样来评判向上跳跃的高度,那么在图 9 中的 3 种跳跃姿势当中,最高的是横越栏杆(最右边的图)。因为这个高度几乎是 1 米半,而在第一个图中,我们看到的跳跃高度只

图 9　跨越栏杆,身体上的黑点所表示的是人体重心。

有 30—40 厘米。

或许,某些运动员也是这样来评判这些跳跃。然而,如果让物理学家来评判这些跳跃,他会令你大吃一惊:这 3 种跳跃所消耗的肌肉能量是相同的。这是为什么呢？因为在这 3 种跳跃中,他们身体的重心都上升到了同样的高度。人体的重心就是图中用黑点标示的地方。可以看到,尽管运动员的跳跃姿势各不相同,但是向上跃起的身体上的 3 个黑点都处于同一水平线,而消耗的能量仅仅取决于身体重心上升的高度而已。

碰　　撞

两艘小艇相撞、两列电车相撞、两颗门球碰撞……这些现象是属于不幸事故还是属于寻常现象呢？物理学家用一个词对这些现象进行了概括:"碰撞"。碰撞发生在一瞬间,如果发生碰撞的物体具有弹力,那么在碰撞的瞬间物体会发生一些变化。物理学家将弹性碰撞分为 3 个阶段。在弹性碰撞的第一阶段,两个相撞的物体在撞击部位相互挤压。当挤压达到最大程度时,进入碰撞的第二阶段。在这个阶段,物体内部对挤压产生反作用力,阻止物体继续挤压,反作用力与向内挤压的力保持均等。在第三阶段,反作用力为恢复在第一阶段被挤压变形的物体形状,将碰撞物体向相反方向推开,此时物体就像受到相反方向碰撞一样。比如,用一个门球撞击另一个静止的门球,两个门球重量相同。由于相反碰撞力的作用,主动撞击的那个门球会停在原地,而原来处于静止的那个门球将以与第一个门球相同的速度滚到一旁。

用锉刀击打一只小球,使这只小球撞向由几个小球紧挨着组成的球链,这是非常有趣的。撞击边上的小球之后,球链所有的球都保持不动,只有另一端最边上的小球离开原点,向前移动一段距离。原因是这只球无法再向下传递碰撞（它已经是最边上的一个）,所以只能自己弹出去。

也可以用棋子或是硬币来做这个实验。

将棋子摆成一排,摆得长一些也无妨,但务必要把它们一个挨一个紧密地摆放。之后,用手按住最边上的一颗棋子,用木尺敲它的边,你会看到另一端最边上的棋子发生位移,其余棋子仍保持原来位置不变。

杯中的鸡蛋

魔术演员将盖在桌子上的台布拉下来,而台布上先前摆放的盘子、杯子、玻璃瓶等物件却完好如初,魔术演员总是能够通过这样的表演博得观众的叫好声。然而,这算不上奇迹,只是他们通过长时间练习而掌握的一种技巧而已。

如此麻利的手法初学者很难练成,但是可以尝试做一些类似的小实验。首先,在桌子上放一个杯子,杯子里倒半杯水,准备一张明信片(最好是半张明信片)。然后,向自己的长辈借一枚大一点的戒指(比如男士常用的款式),再准备一个熟鸡蛋。请按如下方法摆放:先将明信片盖在装有半杯水的杯口上,然后将戒指放在明信片上,接下来再把鸡蛋竖立在戒指上。抽出明信片后要保证鸡蛋不掉到桌子上,你能做到吗?

图 10　不同实验中的碰撞

你用拇指和中指将明信片用力一弹,明信片便飞向一边,而鸡蛋和戒指准确地掉入装水的杯子里。杯子里的水恰好减缓了碰撞,鸡蛋因此能完好无损。

假如你的技术已经纯熟,可以试着用生鸡蛋来做这个实验。

如果用生鸡蛋做这个实验,实验的原理应当是这样的:由于碰撞十分短促,鸡蛋在明信片被弹出的一瞬间没有获得明显的速度,受到撞击的明信片飞了出去,而鸡蛋失去依附物,垂直掉入杯子。

如果你觉得这个实验很难完成,也可以做一些简单的实验。在手掌上放一张明信片(最好是半张),明信片上放 1 枚稍重些的硬币,然后将明信片一下子抽走,而硬币却留在手掌上。如果将明信片换成火车票,实验就更容易成功。

奇异的折断

一些魔术演员喜欢变戏法,这些戏法原理很简单,但却常常令人拍案叫绝。在两个纸环上搭一根长木棍,一个纸环挂在一把剃刀的刀锋上,另一个纸环挂在一个容易折断的烟斗上。演员拿起一个重物，用尽全力朝木棍打去。接下来会发生什么呢？你会看到，架在纸环上的木棍断了，两个纸环和烟斗却完好无损。

　　这个实验原理与上一个实验原理基本相同。由于击打和撞击都在瞬间完成，纸环和被击打的木棍两端并没有任何位移，发生位移的只有木棍受击打部分，因此只有这一部分出现了折断。所以，这个实验的关键是击打时要快速、果断。缓慢地击打不但不能打折木棍，还会把纸环割断。

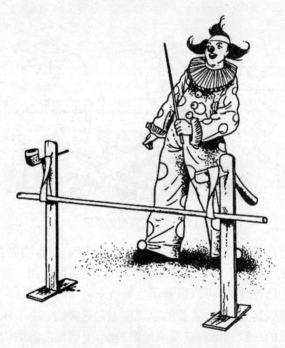

图 11　快速击打的动作

　　技艺高超的魔术演员能够将一根悬在两只玻璃杯边上的木棍打断，而玻璃杯却完好无损。

　　当然，给大家展示这些实验并不是单纯地学习这样的戏法，而是希望你们懂得其中的原理，自己做一些类似的简易小实验。比如在桌子或板凳边上放两支铅笔，而且要使两支铅笔的末梢尖部分露在桌子或板凳之外，然后在两只铅笔上搭一根细长的木棍，迅速用直尺朝木棍的正中央击打，将其打断，而铅笔却留在原地。

　　看完以上这些实验，你会明白，为什么你用再大的力气也无法用手掌将坚果打碎,但是用拳头使劲一砸,就能把它击碎。原因是用拳头击打坚果的瞬间,碰撞是集中的,力没有分散。如果用手掌击打,手掌上柔软的肌肉无法给予坚果足够的压力,从而无法把坚果打碎。

同样道理,射出的子弹可以在窗户上留下一个小洞,而用手扔出的小石头,因为速度比子弹慢,打碎的却是整块玻璃。

再介绍一种类似的实例。如果用棍子慢慢按压另一根木棍,你用再大的力气也无法将那根木棍压断。但是如果你憋足劲,一下子砸下去,木棍一定会断。

最后,还有一个简单但却很有意义的实验。首先,将两扇门打开,并在两扇门上架一根木棍。然后,在木棍上系一根绳子,绳子中间拴上一本厚书。接下来,在绳子的尾端系上一把尺子。现在,我们抓住下面的尺子来拉动绳子。试想一下,绳子的哪个部位会断掉? 是书上面的部分,还是书下面的部分?

图 12 绳子会在哪里断开,是在书的上面还是书的下面?

其实,这两种情况都有可能发生,关键在于你怎样拉动绳子:轻缓地拉动,书上面的那部分绳子会断掉;而猛然用力拉动,书下面的那部分绳子将被拉断。

这究竟是为什么呢? 原来轻缓拉动绳子时,书上面那部分绳子之所以会被拉断,是因为不仅你的手给它施加作用力,绳子上的书也辅助地增加了拉力。而猛然拉动绳子时,情况就不同了。在拉动的那一瞬间,书并没有明显移动,因此书上方的绳子没有受到拉力。相反,此时所有的力量都集中在书下面的绳子上,所以即使下面的绳子比上面的粗,它也仍然会被拉断。

杠 杆

当我们要抬起一个重物时，例如地上的一块巨石，我们经常采取这种方法：将一个结实棍子的一端塞到巨石下面，将一块不大的石头、一段圆木头或是其他物体垫在棍子这一端附近做支架，然后用力压下棍子的另一端。即使巨石非常重，采用这种方法也会将其稍稍撬起来一些。

这种可以围绕一个固定点转动的结实棍子称为"杠杆"，而杠杆围绕其转动的点称为"支点"。还需要记住的是，从手（即从施力点）到支点的距离为"杠杆力臂"，即动力臂；而从石头挤压杠杆的地方到支点的距离也称为杠杆力臂，即阻力臂。所以，每个杠杆都有两个力臂。我们了解杠杆不同位置的名称，目的就在于可以更方便地描述其运动过程。

图 13

做杠杆实验简单易行：你可以将任何一根小棍作为杠杆，然后用一本书作杠杆的支点弄翻一摞书。做这样的实验时，你会注意到，与阻力臂相比，动力臂越长，就越容易支起重物。如果这种力是作用于杠杆的动力臂（与阻力臂相比），那么对杠杆施以不大的力就可以支起较重的物体。若使力量能够支起重物，你施加的力（动力）、重物的重量（阻力）和杠杆力臂之间应该具有怎样的比例关系呢？这种比例关系是阻力臂比动力臂短多少倍，动力就应该比重物的重量小多少倍。

下面举一个例子。假设要抬起一块重 180 千克的石头，阻力臂的长度为 15 厘

米,而动力臂的长度为 90 厘米。你需要施加在杠杆另一端的力量,我们设为 x。那么,这个比例关系就是:

$$x : 180 = 15 : 90$$

由此可以得出:

$$x = \frac{180 \times 15}{90} = 30$$

也就是说,你应该向动力臂施加 30 千克的力量。

再举一个例子。你施加给杠杆动力臂一端的力量为 15 千克。如果动力臂的长度为 84 厘米,阻力臂的长度为 28 厘米,那么你能抬起的最大重量是多少呢?

将未知重量设为 x,我们可以得到下面的比例关系:

$$15 : x = 28 : 84$$

由此可以得出:

$$x = \frac{15 \times 84}{28} = 45$$

也就是说,你用这样的杠杆抬起的重量不超过 45 千克。

如果杠杆力臂的长度未知,也可以用类似的方法来计算。比如使用杠杆时,10 千克的动力可以和 150 千克的重物相平衡,那么,如果杠杆动力臂的长度为 105 厘米,这个杠杆阻力臂的长度为多少呢?

将阻力臂的长度设为 x,我们可以得到下面的比例关系:

$$10 : 150 = x : 105$$

由此可以得出:

$$x = \frac{150 \times 10}{105} = 7$$

阻力臂的长度为 7 厘米。

上面讲解的这类杠杆称为第一种杠杆。其实还有第二种杠杆。现在,我们就来讲解一下第二种杠杆的工作原理。

假设你要抬起一块很大的方木(图 14)。如果它的重量过重,你可以将一根结实的棍子放在方木的下面,将棍子的一端支在地面上,然后抓住棍子的另一端向上提。在这种情形下,棍子就相当于杠杆,杠杆的支点在棍子的最末端,你的施力点(即动力作用点)在棍子的另一端,但是重物对杠杆的施力点(即阻力作用点)并非在支点的另一端,而在你的施力点这一端。换句话说,在这种情形下,杠杆的动力臂是整个棍子,而阻力臂只是位于方木下面棍子的那部分。支点不在阻力作用点和动力作用点之间,而在它们之外。第一种杠杆的阻力作用点和动力作用点位于支点的不同方向,这就是第二种杠杆与第一种杠杆的区别所在。

图14 两种杠杆的区别:阻力作用点和动力作用
点在支点的不同方向。

虽然第一种杠杆和第二种杠杆存在这样的区别,但是第二种杠杆的力量和力臂的比例关系与第一种杠杆相同:动力和阻力与力臂的长度成反比(需要注意一点,这时力臂的长度将是从支点 A 到着力点 C 之间的距离,即整个力臂 AC 的长度)。比如说,在使用第二种杠杆的情况下,要直接抬起一扇重为 27 千克的门,已知力臂的长度分别为 18 厘米和 162 厘米,将你要施加在杠杆一端的力量设为 x,那么,可以得出下面的比例关系:

$$x : 27 = 18 : 162$$

由此可以得出:

$$x = \frac{27 \times 18}{162} = 3$$

也就是说,你的力量不应该小于 3 千克(原因是 3 千克的力量只能平衡门的阻力)。

自动售票机

为了快速出售火车票,有些火车站设置了自动售票机。你将一枚 10 戈比的硬币投到售票机的投币口中,从另一个口里就会立刻滑出一张火车票。很多人认为,这种售票机的内部结构一定非常复杂。其实,这种自动售票机的内部装置非常简单,它也是借用了我们已经熟悉的杠杆原理。

看一下图 15,自动售票机的奥秘便一目了然。首先,投入的硬币落向杠杆的一端,由于硬币自身的重力作用(或撞击力)杠杆随之下落。同时,由于硬币的撞击,杠杆相对较短的一端则会带着它旁边的薄板一起稍稍抬起,而在薄板后面有一摞车票,这些车票放在一个倾斜面上。薄板稍微抬起形成一个小缝,而这刚好可以使一张车票从小缝中滑出。这就是自动售票机内部的简单构造。当然,为了能够使 10 戈比硬币的重力和撞击力将后面的薄板抬起来,需要仔细测量杠杆力臂的长度。重量较轻的硬币不能完成这一动作。而与 10 戈比同样重量的圆形物,如果它是由其他物质构成的,那么其体积也会有所不同,就是说,它也不能通过售票机的

图 15　自动售票机内部结构

投币口。

绞盘和竖式绞盘

几乎所有人都见过利用绞盘将装满水的水桶从深水井中提上来。在这个过程中,绞盘的转轴转动并带动缠绕在转轴上的绳子一起转动,于是,绳子就会将装满水的水桶提上来。

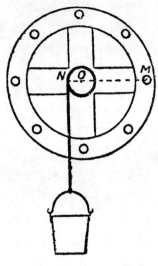

图16 绞盘的工作原理

为什么用这种方法提水要比用手直接提水更轻松呢?我们仔细观察一下绞盘的工作原理(图16)。当圆盘 A 沿着箭头所指方向转动时,圆盘上的转轴也向着同一方向转动。我们来画一条穿过转轴轴心的线段 NM。我们可以将这条线看作是围绕支点 O 转动的杠杆。施加的动力在 M 点,上升的重物的重力(阻力)在 N 点(动力和阻力在支点的不同方向,所以这是第一种杠杆)。因而,线段 ON(转轴的半径)的长度比线段 OM(圆盘的半径)小多少倍,那么施加在 M 点的动力(即施加给圆盘的力)就比作用在 N 点的阻力(即施加给转轴的力)小多少倍。但是要知道,转轴的半径永远小于圆盘半径,就是说,施加在圆盘上的力量也会永远小于水桶的重量。因此,绞盘的优点可以一目了然。可以举例说明。比如说,圆盘的半径为 60 厘米,转轴的半径为 7.5 厘米,装有水的水桶重量为 12 千克,将能够提起水桶的力设为 x,那么,可以得出下面的比例关系:

$$x : 12 = 7.5 : 60$$

由此可以得出:

$$x = \frac{12 \times 7.5}{60} = 1.5$$

还有一种绞盘,这种绞盘并非用来提取重物,而是用作拉丝。这种绞盘称为竖式绞盘。这种绞盘的转轴不是平放,而是竖立,而且转动转轴的不是圆盘,而是长杆,这个杆子被称为牵引臂。很明显,施加在牵引臂一端的动力比重物的阻力(重物与其支撑物的摩擦力)小多少倍,那么转轴的半径就比牵引臂的长度小多少倍。

我们来看一个例子。假如在不使用竖式绞盘的前提下要移动一个重物所需要的力为 500 千克，现在，有一个竖式绞盘，其半径为 21 厘米，牵引臂的长度为 3.5 米（即 350 厘米）。那么，将拉动这个重物所要施加在力臂一端的力设为 x，它们之间的比例关系如下：

$$x : 500 = 21 : 350$$

由此得出：

$$x = \frac{50 \times 21}{350} = 30 \text{ 千克}$$

力学黄金规则

可见，使用绞盘或竖式绞盘，可以用很小的力量提起很重的重物。但是在这种情形下，重物移动的速度很慢，其速度要比施加在绞盘上的动力速度慢。

我们再来看一下前面提到的竖式绞盘的例子。在这个例子中，动力带动力臂转动一周的长度为：

$2 \times 3.14 \times 350 = 2\,200$ 厘米

与此同时，转轴也转动一周，转轴上面缠绕的绳子转动一周的长度为：

$2 \times 3.14 \times 21 = 130$ 厘米

也就是说，重物总共上升了 130 厘米。动力带动力臂移动的距离为 2 200 厘米，而重物仅仅上升了 130 厘米，这就意味着，重物上升的距离比力臂移动的距离小 17 倍。如果将重物的重量（500 千克）和施加给绞盘的动力作一比较，它们之间的关系就是：

$500 : 30 \approx 17$

显然，重物移动的距离比由动力推动所移动的距离小多少倍，这个动力就比这个重力小多少倍。换句话说，越省力，速度越慢（图 17）。

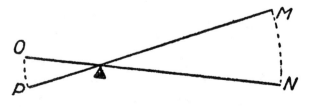

图 17　力学黄金规则图解

这个规则并非仅仅针对绞盘或竖式绞盘,它适用于任何机器(该规则早已被称为"力学的黄金规则")。

我们来看一个例子,比如前面提到的竖式绞盘。在竖式绞盘这个例子中,如果这个杠杆可以省3倍的力量,那么杠杆的动力臂(图17)一端移动的距离就是较长的弧 MN,而阻力臂一端移动的距离则是比长弧短3倍的弧 OP。就是说,重物移动的距离比动力作用下动力臂移动的距离小3倍,而动力比重力也小3倍。

现在你们应该明白为什么有时候会使用费力杠杆的原因所在。费力杠杆就是为了移动阻力臂一端很轻的重物,却要在动力臂一端施加很大的力。这样做有什么好处呢?要知道,使用费力杠杆需要消耗很大的力量!然而,费力的同时也节省了距离,提高了速度。所以,当我们需要快速提起重物的时候,我们就必须消耗很大的力量。其实,我们的手臂就是这样的杠杆(图18)。

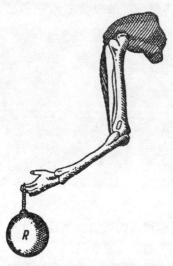

图 18 我们的手臂——杠杆。这是哪种杠杆呢?

手臂肌肉的力量作用在杠杆的动力臂上,使得手臂的关节发生快速移动。在这种情形下,消耗了力量却加快了速度。如果我们的骨骼构造如同省力但速度很慢的杠杆,那么我们人类就会变成行动十分缓慢的怪物了。

阿基米得的机器

第一个提出杠杆原理的人是古希腊数学家阿基米得,他生活在公元前200多年的锡拉库萨(西西里岛)。或许,那些根据杠杆原理制成特殊机器的传说中隐含着大量的道理。下面是古希腊历史学家普鲁塔尔科的相关叙述:

马塞尔(罗马统帅)从陆路和海路逼近锡拉库萨。陆路部队由阿皮尔指挥,而马塞尔则亲自率领60艘战船沿海路进攻,每艘战船上都有5排桨,配置了各种投掷器械和武器。8艘船连接在一起,构成一个宽阔的平台,上面高高耸立着攻城用的机器。马塞尔依靠精良的装备以及自己的威名,率领军队浩浩荡荡向锡拉库萨挺近。然而,这并没有让阿基米得感到不安。与阿基米得制造的机器相比,这些东西根本不值一提。

　　有一天，阿基米得给他的亲戚和朋友——锡拉库萨城国王亥尼洛写了一封信，信中说，可以凭一己之力移动任何重物。他满腔热忱，信心十足，甚至保证说，假如还有另一个地球，他可以在另外一个地球上推动现在脚下这个地球。亥尼洛国王惊讶不已，他命令阿基米得当面表演，证明自己是如何用很小的力量移动巨大的重物。阿基米得挑选了一艘皇家战船，人们费尽周折将战船移到岸上。像往常一样，阿基米得让很多人上船，同时往船上装了许多重物。而他自己则坐在不远处，轻松地开始移动由滑轮和绳子组成的装置，于是战船被拉动，如同在平静的海面上一样平稳地向前移动。国王被眼前的景象惊呆了，他意识到科学力量的强大，于是请阿基米得建造这种机器，未来用于抵抗敌人的进攻或包围，或是加强国防。

图19　阿基米得时代的投掷武器：野战弩炮。

图20　阿基米得时代的攻城重弩炮

实际上，对锡拉库萨人来说，准备这样的机器恰逢其时，因为他们不仅有制成的机器，还有这种机器的发明人。

面对罗马人的水陆双重进攻，锡拉库萨人惊恐万状，乱作一团。他们不知道如何抵御这么强大的军队。然而，阿基米得将其发明的机器投入战斗。罗马陆军被雨点般急速飞来的武器和石头击溃。任何人都无法抵御这种打击。他们纷纷倒下，队伍中一片混乱。而罗马的舰队也遭受巨大的打击，只见从城墙上飞下无数滚木。由于滚木重量大、速度快，致使战船纷纷沉入海中。此外，城墙上伸出的大量铁爪和铁嘴钩住了战船，将船头吊起离开水面，船头朝上，船尾朝下，随后渐渐沉入水中。有些被吊起的船则在空中不停地摇晃，撞到水下的礁石或城墙。战船上的大部分士兵都战死海疆。每一分钟都可以看到有战船被吊在海上，真是惨不忍睹！

那些攻到城墙下的罗马士兵本以为脱离了危险，其实这些士兵同样处于挨打的境地。石块纷纷从天而降，城墙的墙体中到处伸出长矛刺中他们。他们向后撤退，可是又有新式投掷武器不断飞来，击中撤退的士兵。很多士兵阵亡，战船彼此相撞。没有任何方法能够攻克锡拉库萨，因为阿基米得的机器大部分都置于城墙的后面，这些机器成了杀敌的致命武器。

图 21

目睹这种惨状，马塞尔只好放弃进攻和包围计划。

这是阿基米得智慧、天才和渊博知识的一次充分展现。

马力和马做的功

我们经常听到"马力"这个词，这个词对我们来说早已耳熟能详。不过，很少有人知道，这个古老的名称其实完全是错误的。"马力"不是指力量，而是指功率，也并非指马的功率。功率是发动机每秒钟做的功，而马力是发动机每秒钟完成 75 千克·米功的功率，就是说，发动机每秒钟完成 1 马力的功，即等于将 1 千克重的物体提高 75 米所做的功（或者将 75 千克重的物体提高到 1 米所做的功）。这里说的不是发动机消耗的力量，而是功，也就是力乘以移动的距离。

图 22　蒸汽机发明者詹姆斯·瓦特

一匹马在工作中可以完成每秒钟 75 千克·米的功吗？在个别时间里，一匹马能够完成很大的功率，比如，跨越障碍物的时候，在 1—2 秒钟之内马可以将自身的重量（300—400 千克）提到 1 米的高度。但是，如果一整天或连续几天像发动机一样工作，一匹活马不可能做到。

马的功率远远不能达到 1"马力"。

那么，既然这一名称与马的能力不相符，"马力"这一名称又是从何而来的呢？其实，这一名称的产生纯属偶然。

在著名的蒸汽机发明者瓦特生活的年代，英国有一个啤酒厂厂主想在工厂里装一台瓦特发明的蒸汽机来带动水泵工作。当时，水泵还是依靠马力的牵引来运转，这个工厂主向瓦特提出一个条件，他要求机器的工作效率不能小于马的工作效率。瓦特接受了这个要求。

为了比较机器和马所做的功，啤酒厂厂主挑选了一匹最强壮的马，然后让工人狠狠地鞭打这匹马。在这种不正常的情况下，这匹马超负荷地工作，压上来许多水，然后计算了水被压上来的高度，结果这匹马的功率是每秒70千克·米。

瓦特看出了工厂主的狡猾，但他也清楚自己蒸汽机的功率。所以，他接受了厂主的过分要求，并将蒸汽机的功率提高到每秒75千克·米。从此，人们开始习惯地认为1马力等于每秒75千克·米，虽然那匹马的功率仅为这一数值的2/3。

比哥伦布还聪明

一个中学生在自己的作文中这样写道，"克里斯托弗·哥伦布是一位伟人，他发现了美洲大陆，同时，他还是第一个能将鸡蛋竖起来的人。"哥伦布这两个创举无疑给青年学生带来极大的震撼。但是仁者见仁，智者见智。比如美国作家马克·吐温就丝毫没有感觉到哥伦布发现新大陆有什么惊奇之处，他说："如果哥伦布没有发现新大陆，那才叫惊奇。"

而我则冒昧地认为，哥伦布将鸡蛋竖起来这件事没有太大的意义。你们知道哥伦布是怎样把鸡蛋竖立起来的吗？他把鸡蛋的壳敲破一点，然后把鸡蛋直立在桌子上。哥伦布是在改变鸡蛋形状的条件下将鸡蛋竖起来的。

能否在不改变鸡蛋形状的条件下把鸡蛋竖立起来？

哥伦布终究没能回答出这个问题。相比发现新大陆，甚至是发现一个小岛屿，这个问题显然简单多了。接下来，我分别就熟鸡蛋、生鸡蛋及生熟鸡蛋通用这3种不同的情况，展示让鸡蛋竖起来的方法。

熟鸡蛋竖立的方法是：像转陀螺一样，用一只手的手指头或是用双手手掌用力旋转鸡蛋。这样，鸡蛋就开始竖着转起来，只要鸡蛋持续旋转，它就会保持竖立的状态。试过几次，你就很容易操作了。

生鸡蛋的里边是液状物，受蛋壳影响，生鸡蛋不能快速旋转。我们得另寻方法。首先我们将鸡蛋用力晃动几次，这样可以把蛋黄的外薄膜弄破，蛋黄溢出，使蛋黄和蛋清混合起来。接下来，将鸡蛋大头朝下，这样放置几分钟。由于蛋黄比蛋清重,蛋黄就沉到底部。这样一来,鸡蛋的重心下移,并能平稳地竖立起来。

第三种竖立鸡蛋的方法:将鸡蛋竖立在瓶塞上,在鸡蛋上放一个插有两个叉子的瓶塞(见图23)。

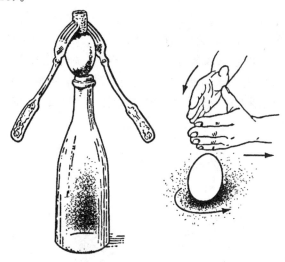

图 23

这种结构相当稳定,即便瓶子略微倾斜也能一直保持平衡。为什么瓶塞和鸡蛋不会掉落呢?这和插着折叠小刀的铅笔能垂直立在手指上是同样道理。科学家的解释是:"结构的重心低于支点位置。"这意味着承受整个装置重量的点低于其支撑的部位。现在,你们就不会惊讶为什么玩具鹦鹉能在圆环上平稳地摆动,"不倒翁"永远也不会倒的道理了(见图24)。

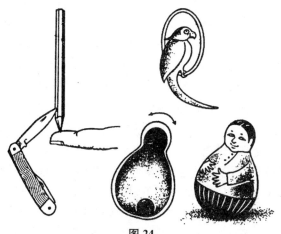

图 24

离 心 力

打开雨伞,使伞尖朝下立在地上,然后转动雨伞,同时向伞内扔一些小球、废纸团、手帕等不易碎的东西,之后会出现你意想不到的现象。雨伞似乎不太接受这样的小礼物,小球和纸团纷纷被甩到伞的边缘,有的直接被甩到伞外。

在这个实验中,甩出小球和纸团的力我们一般称之为离心力,更正确的叫法是"惯性"。每当物体做圆周运动时,就会出现惯性。这是运动的物体保持自身运动方向和速度的一种惯性表现。

图 25

在生活中,我们常常会遇到离心力现象。在一根绳子上拴一个石子,当你用手拽着绳子并甩动石子的时候,由于离心力的作用,你会发现绳子越绷越紧,甚至有裂断的可能。古代一种用来投掷石头的兵器——投石器,就是利用离心力的原理制作的。如果磨石不够坚硬且转动速度很快的时候,离心力甚至可以将其磨碎。如果你手法灵巧,可以利用离心力的原理来完成杯子倒置而水不洒的小魔术,方法就是快速旋转杯子,将杯子举过头顶。离心力还可以帮助马戏团骑自行车的小丑们完成令人眼花缭乱的"大筋斗"。离心分离器借助离心力,将奶皮从牛奶表面分离;离心机在离心力的作用下提取出蜂窝中的蜂蜜;甩干机也是利用离心力的原理甩干衣物中的水分⋯⋯

电车转弯时,乘客在离心力的作用下,顿时感觉自己的身体向转弯方向的另一侧(习惯上称为外侧)倾斜。铁路的铁轨外轨建得比内轨高,这样,列车车厢在转弯处只是略微倾斜一些。如果外轨和内轨高度一样,那么列车在高速行驶中极有可能在转弯处由于离心力的作用而翻出轨道。这事听起来似乎很神奇,原来倾斜的轨道竟然比平直的轨道更安全!

然而事实的确如此。一个小小的实验就能让你明白其中的道理。用硬纸壳卷成一个大喇叭筒,或者利用家里现有的圆锥形物品,比如电灯上的圆锥形玻璃罩或是圆锥形铁罩都可以充当实验仪器。选择上述任意一个锥形物,锥立后,向里面放入硬币或是小金属环、小戒指等物品。放置的物品最初处于椎体底部。轻轻转动椎体,这些物品会在椎体底部中心附近转着小圈。转速加快,椎体里的物品也快速转动起来,它们远离中心,转着更大的圈。如果转速更快,这些物品可能飞出椎体。

图 26

自行车赛场是特殊的圆形赛道,赛道呈斜坡状向场内倾斜。自行车运动员正如上述实验中的那些物品,倾斜着在赛道骑行。在这种倾斜的赛道上,运动员不仅不会摔倒,反而骑得更加平稳。相反,在平面的圆形赛道上,自行车运动员才更加危险、更加艰难。

哪儿最轻?

我们居住的地球是一个转动的球体,所以,地球自身也发生一些离心现象。这些离心现象究竟显现在哪些地方呢?由于地球自转,地球表面的一切物体可以变轻。物体距离赤道越近,24 小时内转的圈就越大,说明这些转速越快,受的离心力越大,因此减重也越多。如果把 1 千克的砝码从极地拿到赤道,重新用弹簧秤称重,会发现砝码的重量少了 5 克。当然,5 克的区别不算太大。物体越重,减重越明显。一辆从阿尔汉格尔斯克(俄罗斯北部一个城市)出发到敖德萨(苏联南部一城市,现属乌克兰)的蒸汽机车,重量会减少 60 千克,这相当于一个成年人的体重。而一艘重量为 2 万吨的军舰从白海开到黑海后,重量足足减少 80 吨,这几乎是一台蒸汽机车的重量了。

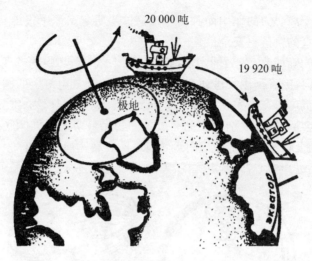

图 27

地球自转时会趋向于把自身表面的一切物体向外抛。但是又由于地球向内吸引地球表面这些物体，所以它们不至于真的被抛出地球。我们把这种新引力称为"重力"。虽然物体不会被地球抛飞，但是物体重量变小的可能性是存在的。这就是为什么地球自转会造成物体重量变小的原因。

如果地球转得过快……

地球自转越快，物体减重越明显。科学家指出，假如地球的自转速度扩大 17 倍，赤道上的物体将会完全失去重量，处于失重状态。如果再快一些，比如地球自转一周只用 1 个小时，那么不仅在赤道，就连处于赤道周边的一切陆地和海洋上的物体也将处于完全失重状态。

物体失重意味着什么？这意味着，你可以毫不费力地举起蒸汽机车、巨石、大炮甚至是满载武器的军舰，就像拿起一片羽毛一样。即便你没拿住，把它们弄掉了也没有关系，它们不会受到丝毫损坏，因为它们压根儿就不会掉落下来——它们一点儿重量都没有。而当你松开它们的时候，它们会在附近的空中漂浮。如果你坐在热气球中，突然把手里的物品扔出去，这些物品不会掉落下来，它们仍然会飘在空中。这是多么神奇的事情啊！你做梦都不会想到，你能跳得比摩天大楼和高耸的山峰还要高。但是，你不要忘记，向上跳越不费力，往下跳却不可能。由于失重，你也不会掉落在地上。

这一定会给我们带来一些麻烦。你能想到是哪些麻烦吗？比如，即便风很小，

图 28

也能将物体吹向空中。人、动物、汽车、船舰等在空中飘舞翻飞,相互损毁。

这就是地球自转速度急剧加快而产生的结果。

挤 压 地 球

严格地说,地球的转动并非以球体形状在旋转,而是绕着自身的地轴呈扁平状转动。我们通过一个简单的实验就可以明白,为什么地球会呈现这种形状。

从结实的纸板上剪下一个直径为 22—26 厘米的圆盘,在圆盘中心两侧穿一个孔。然后将一根细绳穿过这个孔。为了让圆盘旋转起来,只需轻轻拉紧绳子,然后将圆盘转动几下,当绳子转动上劲之后,松开圆盘,用力拉紧绳子,这样,圆盘就会快速地转动起来(图 29)。

现在,我们可以做一个小的地球模型。在圆盘上画出两条相互成直角的直线,在直线的两端各扎入一个小针,用纸板做出两个宽度如手指长短,直径比圆盘略大的纸圈。将纸圈十字交叉摆放,并将它们相互接触的地方粘在一起。这就相当于模拟地球的“经线”。

图 29 为什么地球在赤道附近略为突出？

然后,将穿过圆盘的绳子从两个极点(即"经线"交汇处)穿出去,将圆盘置于"赤道"的位置上,用针尖刺穿纸圈(图 29)。

做完这些,你就可以用前面描述的方法让圆盘快速转动起来。你们将会看到,这个小小的地球模型在转动过程中"赤道"略鼓,而"两极"稍扁。真正的地球也是这种形状。由于地球自转,所以赤道略为突起。

如果你自制一个简易离心机,如图 30 所示,那么就更加容易演示上述实验。用手转动线轴,线轴直径的长度应该比转动纸圈的中轴直径长,它们直径的长度相

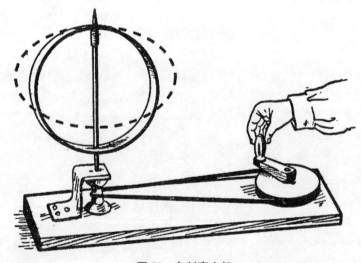

图 30 自制离心机

差越大,纸圈转动的圈数就越多,这个实验更能说明地球自转导致赤道略鼓的原理。

10 种 陀 螺

从图 31—33 中你可以看到 10 种不同样式的陀螺,利用这些陀螺可以进行十分有趣的实验,而且这种实验不需要什么特殊的技巧。

1. 用线轴做第一个陀螺,削割、加工它的一个侧面(图 31 第一个图形)。陀螺不仅在小棍较尖的一端能转动,在钝的一端也能转动。为此需要先让陀螺正常旋转起来,用手指扭住轴,然后敏捷地碰翻陀螺,使陀螺钝的一端朝下,这时陀螺将在钝的一端旋转、摇摆起来。

图 31

2. 你看见图 31 中间那个陀螺了吗? 它是由电开关插座做成的,这是第二种陀螺。

3. 继续往下看,你会看到一个别致的陀螺。这是一个胡桃,可以用它底部的尖端部位旋转。为了把合适的胡核变成陀螺,需要将火柴插入胡桃,然后拧紧。旋转火柴,胡桃陀螺便可旋转了。

4. 图 32a 图展示了一个独特的陀螺。将削尖的火柴棍或薄木片穿过圆形小盒中心。为使轴和小盒接合得更加牢固,需要用蜡封住小盒中间的小孔。

5. 图 32b 图是一个有趣的陀螺,在圆形硬纸壳的边缘拴上细线,细线的远端系上几枚纽扣。当陀螺旋转的时候纽扣会被抛起,顺着绷直的细线形成一个圆。

6. 图 32c 图展示的是陀螺的又一独特创意。在圆木塞做的陀螺外圈插有几个大头钉,大头钉上穿着彩色小珠,小珠可以在大头针上自由滑动。在陀螺旋转的时候,小珠滑向大头针的顶端。如果大头针很光亮,陀螺旋转的时候,一圈大头针就汇集成一条密实的银带,而大头针上的小珠就成了镶在这条银带上的彩色光环。为了长时间地欣赏这种陀螺,需要把它放在光滑的盘子上。

图 32

7. 图 32 中的 d 图是彩色陀螺。这个陀螺制作起来比较繁琐,但是它带来的惊喜让你觉得你的付出物有所值。首先找张硬纸板,剪出一个圆形,用木棍尖的一端在圆纸板中心扎一个孔,紧紧插入圆纸板的中心,使整个装置更加结实耐用。现在,用直线沿圆纸板的半径,将圆纸板平均划分出面积相等的几部分,现在得到若干个面积相等的扇形,然后分别用黄、蓝两种颜色交替涂色。当这样一个陀螺旋转起来的时候,你会看到什么?我们所看到陀螺既不是蓝色也不是黄色,而是绿色。当蓝色和黄色在我们眼中交汇的时候,呈现的是一种新的颜色——绿色。

你也可以用其他颜色来涂这个扇形。可以用天蓝色和橘黄色交替涂色。旋转陀螺后,我们看到的不是黄色,而是浅灰色,颜色很浅,接近白色。在物理学中,上述两种颜色混合后,得到的是白色,我们称这两种颜色为"互补色"。这种陀螺向我们揭示出,天蓝色与橙黄色也是互补色。

如果你有一整套颜料,可以做多次实验。200 多年前著名科学家牛顿最先做了这个试验。他恰恰用全部颜色涂满所有扇形:紫色、深蓝色、天蓝色、绿色、黄色、橙黄色、红色。旋转时，所有这些颜色融合成灰白色。这个实验让我们明白，每一条白色的太阳光线其实都是由很多种颜色的光线组成的。

8. 会写字的陀螺（图33a图）。现在，我们来制作这个陀螺。不再使用削尖的火柴棍当轴，而是用削好的铅笔，并在稍微倾斜的硬纸上转动陀螺。这样，陀螺在纸面上旋转，逐渐留下铅笔画出的螺纹。陀螺每转一圈就会留下一道螺纹，所以可以轻易数出螺纹的个数，同时用手表计算出每秒钟陀螺旋转的次数。

图33

9. 接下来，继续看图33中的b图，这是另一种会写字的陀螺。为了制作这种陀螺，先从挂在窗帘下边，用于抻直窗帘的铅块中取一块圆形铅片，在铅片中间用剪子钻一个眼（铅很柔软，很容易钻透），插入一根削尖的火柴，制作出一个普通陀螺，然后以陀螺轴为中心，在左右两侧各扎出一个小孔。

在旁边的一侧小孔内穿入一小截马鬃或是硬发，使马鬃或硬发向下伸出的部分略高于陀螺的轴，系紧火柴棍。剩下的一个小孔先保持原状，之所以要打这个孔是为了使陀螺轴的两侧重量相同，否则，将会导致陀螺负重不均匀，无法正常转动。

现在，又一个会写字的陀螺做成了。但是为了用它做实验，我们还要准备一个被熏黑了盘底的盘子。小心地把盘底放在蜡烛上熏，直到表面均匀地覆盖了一层黑烟。在这种盘底上旋转陀螺，陀螺上的马鬃会在盘底画出不规则的图案，形成美丽的白色花纹。

10. 现在我们介绍最后一种旋转木马陀螺（图33中的c图），以此为我们这组实验画上一个圆满的句号。在这种陀螺中,圆纸板和轴的做法与之前的彩色陀螺相同。现在我们将若干个带有小旗子的大头针对称地插在陀螺的边缘,再在圆纸板上面粘上一些纸做的小骑兵,这个独特的陀螺就做成了。它可以给你们的弟弟、妹妹们当玩具。

乘坐火箭飞行

毫无疑问,我们大多数人都见过火箭点火后起飞的情景,但是你是否知道,火箭为什么会飞?通常人们想象的火箭飞行的原因其实并不正确。人们认为,当火箭内部的火药点燃时就会从中喷射出热气流,火箭借助这股气流推开周围空气,就像鱼儿用尾巴推开水而游动一样。果真如此的话,那么在真空中,火箭就不可能飞行了。实际上,火箭飞行的原因并不在此,火箭并非是推开外部的空气,而是依靠其内部燃烧形成的气体来推动。此时发生的情形与枪支射击时的原理相同,弹药燃烧气体将子弹朝一个方向推出,与此同时,将枪支推向相反方向(枪支"后座力"),跟周围空气毫无关系。相反,实验证明,在真空中火箭并没有受到空气的阻力,从中喷出的气体更为流畅,所以,比在空气中飞得更快。

图 34

如果火箭可以在真空中加速飞行,这意味着它完全可以飞出地球大气层,奔向围绕我们星球的太空!这个想法是苏联发明家齐奥尔科夫斯基首先提出的。他提出了穿越将地球和其他天体隔离开的空间的方法,也提出了飞到月球和其他行星的方式。

想象一下这种载有乘客舱的巨大火箭,里面的人可以操控燃料的燃烧,他可以加快燃烧的速度或减缓甚至完全停止燃烧。这种火箭可以逐渐增加飞行速度,让身在其中的乘客安然无恙。不过计算表明,火箭的飞行速度可以在几分钟内逐渐达到 12 千米/秒,就是说,只要达到这种速度,就可以开始宇宙旅行了。

　　从此刻开始,火箭可以停止内部的动力燃烧,因为在这种速度下由于惯性,火箭会继续飞向宇宙空间。只有在改变它的飞行路线时,才需要重新启动动力装置。一句话,这种火箭是未来星际飞行的最为合适的宇宙飞船。

　　这应该是发明家们的正确想法,按照这种思路,人们去探索飞出大气层的可能性,去探访月球,将来再去探访其他星球。不久的将来,所有这一切都会变成现实。

第二章　水上和水下

鲸为什么生活在海洋里?

　　早在人类出现之前,陆地上就生活着许多大型动物,它们的体型让今天陆地上的动物相形见绌。特别是那些鳞甲类动物,其中有一种动物——梁龙,体长22米;另一种动物鳃龙,身高达11米。想象一下,如此庞然大物游走在城市街道上,它甚至可以将头探进3楼的窗户里! 与这些史前动物相比,4.5米高的非洲象或者5米高的长颈鹿简直成了侏儒!

　　今天的海洋里栖息着一种动物,这种动物的体积比那些古老动物的体积更大,这就是鲸。如图35所示,一只鳁鲸与一头象在一起。跟象相比,鲸就是个庞然大物,鳁鲸体长约30米。

图35　鳁鲸的体重是大象的30倍,比任何一种现存或早已灭绝的陆地动物都大得多。

以前向参观者展示鲸的标本和骨骼如同展示其他稀有怪物一样是要收费的。在一本1943年出版的俄罗斯杂志《北方的蜜蜂》中曾经描写了人们参观鲸标本的情形：

"1843年4月，亚历山大剧院(现为圣彼得堡大剧院)旁搭建了一个台子，上面放着体长29米的鲸标本供人们参观，鲸标本里能够容下24位音乐家，而在鲸的头颅里可以建一个房间，供参观者在里面休息。"

与其庞大的体型相匹配，鲸也有着巨大的体重，鲸的体重可达90吨，有的甚至重达100吨。这种鲸的重量等于30头象、40头犀牛或者200头牛。

虽然人们嘴上常说"鲸鱼"，其实这种说法完全是错误的。鲸和大象、犀牛一样，是哺乳动物，根本不是鱼类。鲸没有毛须，也没有后肢，而前肢也进化成了鳍，并且具有鱼的尾巴——这一切只能证明鲸很好地适应了水中的生活。鲸不像鱼那样用鳃而用肺呼吸。产下的是幼仔(不像鱼那样产卵)，用乳汁哺乳，并且具有恒温的血液。总之，鲸的所有重要特征都证实，鲸比鲨鱼或者狗鱼更接近大象和犀牛。

然而，如果鲸不是鱼，那它为什么生活在水中而不是陆地呢？这是因为，假如生活在陆地，它会不堪自身的体重，骨头和肌肉无法承受庞大的身躯。在水下则不同了，鲸在水里游动时，其实感受不到自身的重量。应该这样来理解，水推挤着游动之物，托举着它，并以此消除了它的重量。当鲸在水里游动时，无论重量多大，都会大大减轻。

如果鲸离开了水，它将面临巨大灾难。这种情形偶尔也会发生在鲸的身上。例如，当它追捕作为食物的小鱼时，有时可能游到较浅的水滩。但是一旦退潮，浅滩便露出水面，于是鲸就会完全暴露在陆地上。这对于它来说是致命的，鲸不是鱼，它用肺呼吸，但是在陆地上鲸又会怎样呢？在这种情况下，这个庞然大物连一小时也坚持不住，它逃不掉死亡的命运。它将死于自身的重量，在水里它完全感受不到体重带给它的威胁，可是一旦离开了水，体重庞大的它将无法生存。在庞大身躯的挤压下，输送血液的血管开始收缩，呼吸慢慢停止，肌肉无法使如此沉重的胸腔扩张，于是世界上最大的动物竟成为因自己庞大身躯和体重的牺牲品。现在你明白为什么鲸只能生活在海洋里。

什么是"排水量"？

你听过船的"排水吨位"吗？这是什么意思？

"排水量"是指轮船浸入水中部分所排挤开的水的重量。排水量6 000吨的轮船,是指它处在水中排挤出6 000吨重的水。

为什么应当知道船排出了多少水呢?因为知道了这一点,就可以判断出轮船的体积及其载重量。根据浮力定律,每一种浮在水面的物体,其浸入水中所排开水的重量就是这个物体的重量。排水量6 000吨的轮船重量正好是6 000吨。此外,既然知道了船只水下部分排开6 000吨水,那么就可以很容易地推算出船只浸入水这部分的体积是6 000立方米,因为1立方米的水重1吨。

应该区分"排水"吨位与"登记"吨位的差别,登记吨位是体积单位,并非重量单位,按2.8立方米计算。登记吨位6 000的轮船比排水吨位6 000的轮船体积大3倍。

像潜水艇一样

每一个称职的家庭主妇都知道,新鲜的鸡蛋放在水里会下沉。所以,家庭主妇们通常用来验证鸡蛋是否新鲜的方法就是将鸡蛋放入水中。如果下沉,就证明鸡蛋是新鲜的。如果漂在水面,则证明鸡蛋已不新鲜。物理学家的解释是:新鲜鸡蛋比与之同体积的纯净水的重量大。之所以要强调是纯净的水,是因为如果是非纯净水(比如盐水)则情况恰恰相反,因为盐水比重更大。

我们可以调制高浓度的盐溶液,在这种溶液中鸡蛋比被它排开的溶液轻。这时,即使新鲜的鸡蛋也会浮在浓盐水中。

经验丰富的女主人非常熟悉盐水的特性,她们经常用淡盐水腌制黄瓜。在女主人调制好的淡盐水中鸡蛋就会下沉。当她需要浓一些的盐水时,她就会在水里撒些盐,这样新鲜的鸡蛋就会浮在水面。

你可以使鸡蛋既不下沉,也不漂浮,而是"悬"在液体中。物体在液体中的这种状态物理学家称之为"悬浮"。为了调制出使鸡蛋浸入水中排开盐水的重量等于它自身的重量这种盐水,你需要反复试验。如果鸡蛋上浮,就加些清水,如果鸡蛋下沉,就加些浓盐水,经过若干次耐心的调整,你最终会配成浓度合适的盐水。鸡蛋放入这种盐水中既不会下沉,也不会漂在表面,而是停留在你希望的停留的位置。

也可以用土豆来做这个实验,它同样可以在清水中下沉,在浓盐水中上浮。因此需要配成浓度合适的盐水,让土豆在这种盐水中既不下沉,也不上浮。

潜水艇的工作原理也是如此。这是一种长长的、像雪茄烟形状的船,这种船可以在水下游弋、穿梭。现在这种船主要用于军事目的,尽管它被称为"船",却有着

图 36　潜水艇在水下潜行与鸡蛋在浓盐水中悬浮的原理相同。

巨大的身躯——长度达到 100 米，或者更长。

潜水艇不总是在水下航行，当转换作业或停滞时，它们会像普通舰艇那样处于非下沉状态。它们甚至可以依靠塔桥、舰桥及其他水上基地进行补给。而当行驶到敌人潜艇附近时，潜水艇就会潜入水下，从上方探出"潜望镜"（用来观察的管子）观察敌情。当躲避敌方炮火或搜寻敌方战舰时，它都会缓缓潜入水下。潜水艇下沉的方式是从船舷往专门的平衡舱内注水，也就是说，当潜水艇在水面航行时，艇内的备用箱是空的，蓄水池装满水后，艇的重量在下潜前低于同体积水的重量，逐渐等同于水的重量后，按照阿基米得定律，潜艇悬浮于水中。

现代潜艇为了不受水压影响，下潜深度不能超过 70 米，因为在 70 米水深时，潜艇表面每平方米需要承受水下 70 吨的压力。然而，不久前在美国建造了许多潜艇，下潜高度超过了这一界限，这样坚固的船，已经不能称为潜水艇，最好将它们称作水下巡洋舰。水下巡洋舰可以在浩淼的海域里航行达 3 个月，不需要在离它25 000 海里外的港口进行维修。新型潜艇已经具备了巡洋舰的所有优点，它的下潜深度令人难以相信，达到了 112 米！新型潜艇在没有安装辅助设备的情况下能潜入水下 3 昼夜，如果安装专门设备，可以潜入水下 1 个月。

回到我们这个试验，说一下怎样制作潜水艇模型。先把一块木头削成纺锤形状，类似于潜艇外形。在木头表面缠上细铁丝，直到缠满为止，剪下多余的铁丝，最终做成在盐水中既不下沉，也不上浮的潜艇模型。

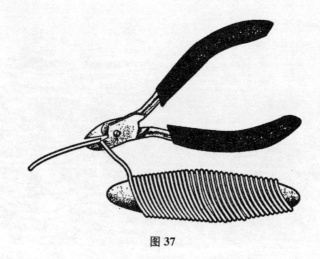

图 37

在重金属液体中漂浮

　　如果掌握了浮力定律,并且了解了不同物质的比重,我们就可以预测出哪些物质能漂浮在水面,哪些将会下沉。如果物质的比重大于水,它就会下沉;如果小于水,就会漂浮。不要以为一种物质一旦沉入水中,就说明这种物质在其他溶液中也会下沉。在一些较重的金属液体中,它可能就不会下沉。举个例子,水银这种液态金属,其比重几乎是水的 14 倍。将一块铁放进这种液体,它就不会下沉,而会漂浮起来。道理很简单,铁的比重是 8,水银则是 14。铜、锌、锡,甚至银和铅都会在水银中漂浮,只有金、白金及其他一些最重的金属才不会漂浮在水银上。一块木头投入水银溶液中,当然也会漂起来,不过木头浸入液体中的部分很少,它们好像浮在冰上一样横卧在水银中。

　　如果我们还记得,云杉木几乎比水银轻 30 倍,那么就会知道,漂浮在水银中的一块云杉木,其浸入液体的部分只是自身体积的 1/30。大概,人体在水银中也会轻轻地漂浮起来呢。图 38 显示,一个蜡人漂浮在水中和水银

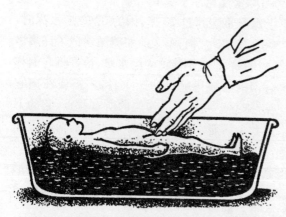

图 38　漂浮在水银中的蜡人

中的位置明显不同。从图上可以看到,在水中的蜡人躯体刚刚露出水面;而在水银中则相反,用肉眼就能看出,整个躯体完全露了出来。

木 塞

这个看似简单的问题,其实还需要好好想一想。

在盛满水的瓶子内投入一个小塞子。塞子很小,可以穿过瓶颈落入更深的地方。但是,无论你怎样倾斜或翻倒瓶子,流出的水都不会将塞子冲出来。而当瓶子空了后,伴随着最后一点儿水流出,塞子才从瓶口掉出来。为什么会发生这种现象呢?

水没有将木塞冲出来的原因其实很简单:瓶塞比水轻,因此它总是浮在水的表面。只有当瓶子里的水快要流干时,塞子才会流到瓶口处。这就是为什么仅剩最后一点水的时候,瓶塞才能从瓶口流出来的原因。

图 39

水 中 称 重

可以用铁、铝分别制成各 1 千克重的砝码。由于相同体积的铝大约比铁轻

2/3，重量相同时，铝砝码的体积比铁大两倍。我们将铁砝码放入天平的一个秤盘里，铝砝码放入另一个秤盘里，当然，此时天平的两端会平衡。想象一下，如果我们的天平此时置于水中，会发生什么变化吗？天平是否还会保持平衡呢？如果不平衡，哪一个秤盘更重？

　　要想回答这个问题，需要明白，每一种物体在液体中减小的重量等于它浸入水中排开的液体重量。在这个试验中，天平的两个秤盘在水中失去的重量相同，它们的重量一样。然而，两个砝码减小的重量却不相同，体积大的铝砝码排开的水比体积小的铁砝码更多，因此，铝砝码比铁砝码减小的重量更多，换句话说，铝砝码剩下的重量小于铁砝码（图 40）。

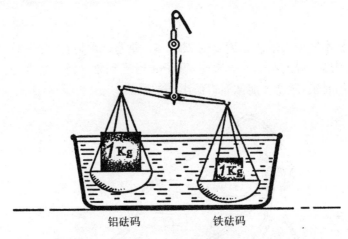

图 40　水中称重(结果)

　　可见，天平在水中无论如何也不会保持平衡，因为放置铁砝码的秤盘会更重一些。

怎样才能不溺水？

　　人一旦落水，如果不会游泳，经常会犯致命的错误：他们会从水里伸出双手，这样也断送了自己的生命。任何物体在水中都比离开水时更轻，所以溺水的人将双手伸出水面就会增加自身重量，这时头部由于身体重量的增加而渐渐沉入水中。
　　我们做一个简单的器具来进行直观演示。往试管的底端装上一些沙子，然后在试管里塞上一个木塞(图 41)。接下来,在试管的上端也放入一些沙子,用木塞塞好试管,最后在试管的顶部安上两根木棍,这两根木棍将起到两只手的作用,这样,整根试管就如同一个溺水者。

图 41 溺水的人不应该把手伸出水面。

尽量让试管刚刚露出水面,而这时"双手"则浸在水下。为此可以在"双手"上缠绕几圈钢丝。这样试管就可以模仿溺水者的不同姿势了:如果手放在水下,头就会高出水面;反之,如果把手伸出水面(木棍朝上),头就会沉入水下。

波浪与颠簸

在海上,波浪推拥着船只,时而将其掀到波峰,时而将其推入波谷。这时我们往往觉得波浪巨大,甚至比几层楼还高。其实这是一种错觉。波浪完全不像轮船上的人们感觉的那么高。人们曾经观测到的最高波浪也不超过 16 米,而这还是特殊的情形,这种波浪只有在南半球漫无边际的海洋中才会出现。北半球的海洋受大陆阻挡,浪高不会超过 13.5 米。再重复一遍,这也是偶然现象,并非常态。即使在风暴肆虐的比斯开湾,也没出现过高于 8 米的波浪。在地中海,最高的波浪只有 4.5 米,而波罗的海的波浪则只有 2—3 米。

为什么轮船上的乘客会觉得浪特别高呢?如果你看了下面的示意图,其中的原因便不言而喻了。原来,乘客下意识地将船上倾斜的甲板当成了水平线,而把这个出现偏差的"水平线"作为判断浪高的依据。这样,判断出的浪高超出了实际的高度也就不足为奇了。

什么样的船只随波浪晃动得更为剧烈呢?是小船还是大船?当然是小船。波

图42 为什么在甲板上感觉浪更高呢？

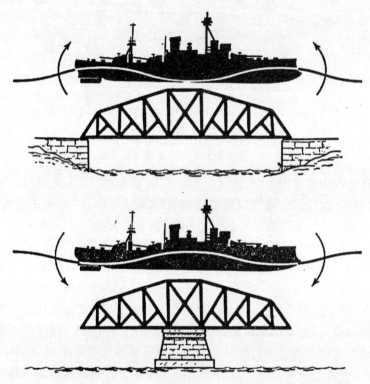

**图43—44 船在波浪中。在这两种状态下，船只会受到中间断裂的
威胁。为什么？**

浪的长度，也就是两个相邻波峰或波谷之间的距离，在大西洋中常常为100—140
米。小型船只完全处于这种巨浪的波峰或波谷中，巨浪时而将船高高抬起，时而又
将其重重拍下。而船长200多米的大型船舶此时的情形却完全不同。快速航行
时，它的船身总是占据着两个浪距，就是说，不会仅仅处于波峰或者波谷。因此，对
大型船舶而言，颠簸显然会轻得多。

　　然而，认为大船受到的颠簸损害会比小船轻，这种想法是错误的。实际上恰恰

相反！小船整个船体处于颠簸中，所以并不存在中间断裂的危险；而大船在波浪的作用下，却会受到这种威胁。

为什么会发生这种情况呢？当大船在海浪中穿行时，其船头和船尾时而露出水面，时而浸入水中，而船身中部却总是浸入水中。在这两种情形下，船体会怎样呢？当船体两端沉入水中，船身露出水面时，船头和船尾受到水的挤压作用力减小，船身中间部位承担着几乎全部的重量。在这种情形下，船身中间部位承受的重量，就如同架在两端的桥梁，重量极易造成中间部位向下弯曲。与之相反，当船头和船尾几乎全部露出水面时，处在水中的船身，则承载着船只两头的重量，这种重量不会出于水的压力而减轻。这跟桥梁在中间部位支撑重量的情形一样。没有承受向上压力的船身两端将会造成船身中间部位向上弯曲。

建造大型远洋船舶的难题就在于如何抵御海浪的这种破坏作用，避免船只中间断裂。现代远洋船舶重量巨大，因此，巨轮发生断裂的危险并非危言耸听，船舶设计者对此应该认真考虑哩。

浮　力

你知道，根据浮力定律可以解释很多自然现象。但是，这一定律本身又该如何解释呢？下面是 17 世纪法国物理学先驱之一帕斯卡对此所作的解释：

水从下面撞击物体，就会对其产生上压力。水从上面撞击物体，就会对其产生下压力。水从侧面撞击物体，则会对其产生侧压力。概言之，当物体浸入水中，水会从上、下和侧面对物体产生上压力、下压力和侧压力。因为水的高度就是其压力强度，所以可以轻松地看到需要克服的作用力。我们知道，水在物体侧面的高度与它在物体顶端的高度相等，所以水对所有端面的压力是一样，因此，物体不会晃动，就如同处于两股相等风力中间的风向标。但是，如果物体下面水的高度大于其上面水的高度，显然，水就会自下而上地推动物体。因为，水的高度差就是物体自身的高度，不言而喻，水自下而上推动物体的力刚好等于物质同等体积的水重。

浸在液体中的物体由于自身的压力保持稳定，这就如同它被悬吊在天平的一侧秤盘上，而天平的另一侧秤盘装满了与该物体相同体积的液体。由此可以得出结论，如果物体是铜质或者其他比水重的物质，它就会沉入水中，因为其重量超过了水与它的平衡力。如果是木块或者比水轻的物质，它就会浮在水面，因为水的浮力超过了这些物体的重量。如果物体等同于水的质量，它就既不会下沉也不会上浮，就像蜡一样，几乎在水面静止不动。由此可以得出结论，用吊桶在井里提水，桶沉入水中时,很容易汲取到水,但是从水中提起桶时,立刻就会感觉到水桶的重量了。

图45　17世纪物理学家勃列兹·帕斯卡

　　如果一个人落入水中,水会对他同时施加上压力和下压力,可是人比水重,所以会下沉,虽然不像在空气中下落得那么快,因为在水中他遇到了相同体积的水的重量,这一重量几乎与他的体重相同。假如两个重量完全相等,人就会浮起来。如果击打水面或者做一些反作用力,人就会上升并且漂浮在水面。同理,泡在浴缸里的人可以不费气力地移动浸在水中的胳膊。可是,从浴缸中出来后,人就会觉得胳膊要沉一些,因为这时已经没有了水对胳膊产生的平衡力。

　　铅制的碗能浮在水中,是由于碗的形状可以在水中占据很大的面积。如果这是一个铅块,它在水中占据的体积只等于其自身体积,而这一体积的水就不可能与铅的重量平衡了。

漂 浮 的 针

你能使钢针像稻草那样漂浮在水面吗？

也许这有些不太可能，因为即便是很小的密实的钢铁制品都会沉入水中。

很多人都这样认为。当然如果你也持类似的观点，那么下面的实验将改变你的看法。

准备一根粗细适中的钢制缝衣针，在上面轻轻涂上一层油，再用小碗、杯子或小罐盛一些水，然后将针轻轻地放在水面。令人惊奇的一幕发生了：针没有沉向碗底，而是漂浮在水面。

为什么针没有沉入水底呢？要知道钢毕竟比水沉，比重是水的 8 倍，放入水中的针无论如何也不能像火柴棍那样浮在水面上。这根针却能浮在水面，不下沉。为了寻求其中原因，请认真观察一下浮动着的针的周围水面。在这块水面，你会看到一个凹痕，貌似一个小盆地，而针正处于"小盆地"的底部。

针周围水面发生凹陷是由于针被一层油裹着，没有与水发生直接接触。我们在生活中发现，当手上有油的时候，再去沾水，手不易被弄湿。鹅以及所有能在水里游弋的动物的羽毛上都覆盖着自身分泌出的油脂，因此能避免水附在它们身上。这就是为什么用肥皂才能溶解并洗掉皮肤上的油脂，不用肥皂，即便你用热水也无法洗净手上的油脂。所以，裹了油的针不会被水沾湿，它处在"小盆地"的底部，不能沉到杯底。

在日常生活中，我们的手上总是沾有一些油，所以，即便不专门涂油，针也已经在我们手上沾染了一层油。在这种情况下，我们也可以将针浮在上面。你可以尝试一下。先将针放在一张卷烟纸上，然后用另一根针缓缓地将卷烟纸的边向下弯折，这之后将整张卷烟纸浸入水中。这时你会看到，卷烟纸沉向水底，而针却漂浮在水面。

如果再熟练一些，你也可以不用纸。把针放在弯曲的发卡上，如图 46 所示，或者放在两根线绳上，并且小心地放在水面上，一些动作灵活的人甚至直接用手把针放在水里。

夏天，你或许会看到在池塘水面上行走的昆虫：

图46　针漂浮在水面上的实验

一群蚊虫般的东西，
长得瘦长又伶俐，
一纵一跳水面上逛，
如同走在平地上。

————涅克拉索夫

　　这就是水黾，一种半翅目昆虫（图47）。当你亲眼看见它们敏捷地在水面上游弋，你就不会感到迷惑不解了。你肯定猜到了，这种昆虫小爪子上的皮肤

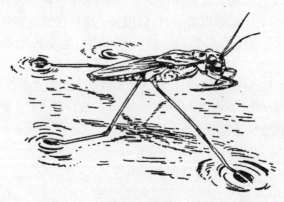

图47　水黾

特殊,不会被水浸湿,并因此在水面上形成了一块凹痕,这块凹痕奋力恢复原状,于是,轻盈的水黾被来自下面的推力支撑而浮在水面。可以捕捉一只水黾,让其在透明瓶子里的水面上行走。从瓶子下面观察,你会清楚地看见水黾脚下的凹痕。

表 层 薄 膜

下面将要讲述的这些实验可以告诉我们一点,即水体仿佛包裹上一层薄薄的弹性膜,水体通过这层膜将钢针和游弋的水黾托举在水面上。现在,我们就来试着弄清这层薄膜的原理。

自然界中所有物体都由极其微小,甚至在显微镜下也看不清的粒子构成,这些粒子称为分子。这些粒子相互吸引。在固体中,分子相互吸引,致使物体不会分解,甚至无法破坏其完整性,因此固体坚固、结实。液体的分子同样相互吸引,尽管吸力不强。想象一下液体内部的一个分子,它被周围的其他分子所吸引,然而那些彼此相邻的分子对更远一些的分子的引力就十分微弱了。我们在分子 M 周围画一个圆(图 48),这个圆包括所有对它产生影响的邻近分子。分子 M 会受它们的吸引移动吗?不会的,因为这个圆圈内的所有分子都以相等的力吸引着这个分子。

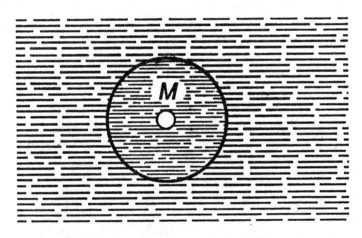

图 48 受到周围粒子作用的液体粒子

为了更好地弄清这个问题,可以设想一下,几个人组成一个圆,用相同的力量拽拉系在中间杆子顶端的绳子。如果人们按圆形排列,彼此间的距离相同,拽拉绳子的力量也相同,那么,杆子不会倒向任何方向,因为每个人与站在对面那个人的牵引力都是相等的(图49)。

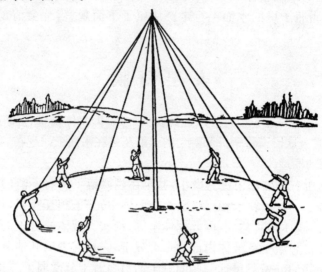

图 49 杆子不会偏向任何方向,因为各个方向牵引它的力
　　　　都是相等的。

　　现在,假设圆形的一侧没有人,剩下的人仍然按照先前的样式拽拉绳子,杆子会倒向哪边呢? 当然是倒向拉绳人所在的那侧半圆(图50)。

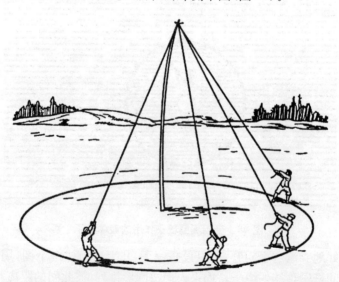

图 50 杆子在一侧牵引力的作用下,弯向人所站的半圆里侧。

　　如果分子 M 靠近液体表面,也会出现这种情形(图 51、图 52),因为向液体内部牵拉它的分子数量比向液体外部牵拉的多。就是说,位于靠近液体表层的所有分子组成了一个特殊的层,仿佛是拉长的膜,紧紧拉着被其覆盖的液体。这层被拉长的膜总想迫使液体的表层恢复原状,这样一来,液体表层便托着针或游弋的水黾,使其浮在液体表面。

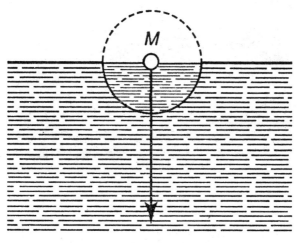

图 51　表层的液体分子

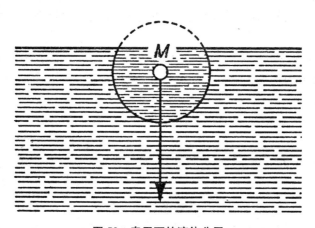

图 52　表层下的液体分子

小矮人在水面

图 53　小矮人在水面上行走

　　日常生活中,我们并未觉察到任何表面覆盖着一层弹性膜的液体。不过,假如我们的身材非常矮小,假如我们的肌肉并非这么强壮,那么我们就会到处与这种类型的膜打交道了。假如我们缩小到昆虫那么小,那么我们就会像水黾一样在水面上行走。

　　著名物理学家和发明家齐奥尔科夫斯基写过一篇文章,其中描述了一个缩小1 000 倍的小矮人的感受:

　　在我们正常人看来,几滴液体微不足道,但是在小矮人的眼中,这几滴液体却是巨型的球体。一小滴水银在小矮人看来就是一个弹性球,甚至比他的个头还要大。这样的液体球来回滚动,用手一推,它会轻轻地一跳,然后弹回来。如果这是一滴水珠或油珠,那么它会粘在手上或者身体的其他部位,吸住小矮人,小矮人便被裹挟其中了。没有足够的力量,小矮人是不会挣脱出去的。陆生动物会沾水而死,那些沾上水、油、果酱而死的昆虫,因为它们的后肢过于无力。这就是为什么大多数昆虫的身上有防水保护层,避免被水淹死。

　　身体涂满油脂的小矮人可以推开水,也可以推开水银那样的水珠,这时水的表面显得不透明并且有弹性,就像绷紧的麻布或胶皮。手从液体中抽出来,里面会形成大的凹痕,这个凹痕大大超过小矮人浸入到液体中的那部分身体的体积,尤其是身体浸入不深的情形下。但是小矮人却可以跳入水中,他们不仅不会沉底,而且可以保持身体干爽不沾水。他可以悠闲地躺在水面,就像躺在被窝里一样,原因是他们的皮肤上有层可以防水的油脂。只要体型不大,小矮人就可以在水面上行走,就像踩在紧绷的厚厚橡皮上或者是铺着柔软地毯的硬地板上。

如果我们人类缩小至 1—2 毫米,我们习以为常的液体属性便会发生巨大的改变。

第三章　在大气的底部

房间里的空气有多重？

你能否说出一个房间里的空气有多重吗？几克或是几千克？你能否用一个手指轻轻托起这个重量，或者费力地用肩膀扛起它？

现在，大概没有人像古代人那样认为空气一点重量也没有。然而，要想确切说出空气的重量，很多人恐怕还真说不出来。

请记住，夏天时，正常室温情况下，1升容积的杯子所装载的空气重量（接近地

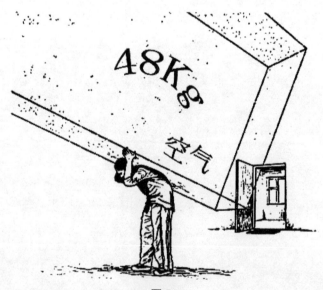

图54

表的空气密度)为1.2克。因为1立方米等于1 000升,每立方米空气的重量是1.2克的1 000倍,即1.2千克。现在,可以轻松地回答前面提出的问题了。只要知道房间的体积,就能算出房间内的空气重量。假设房间的面积为10平方米,高度为4米。这个房间内的空气体积是40立方米,就是说,这一体积的空气恰好是1.2千克的40倍,即48千克。

可见,即使是在这样不大的房间,里面的空气重量也不比你自身体重轻多少,扛起这样的重量会让你觉得并不轻松。而大一倍的房间,里面的空气如果压在你的背上,恐怕会将你压坏。

吸入多少空气?

大家一定都想知道,我们一昼夜吸入和呼出的空气重量是多少。一个人每一次吸入肺中的空气大约是0.5升,我们一分钟平均呼吸18次,就是说,1分钟里我们的体内有9升空气,1小时累计是540升。我们取整数500升,或者0.5立方米,可以得知,一个人一昼夜吸入的空气不少于12立方米,这一体积的空气重14千克。

你会发现,一昼夜内一个人经过其体内的空气要比所吃的食物重很多,因为任何人一昼夜也不能吃下3千克的食物,而我们却能吸入14千克的空气。不过,如果考虑到吸入的空气中80%是氮气(氮是动物细胞的组成部分,是生命的必要元素),那么,其实我们需要的氧气总共是8千克左右,就是说,大致等于摄入的食物重量(固体和液体)。

空气重量是如何被发现的?

灌上一瓶水并用手指紧紧按住瓶口,将瓶子倒过来,瓶口朝下放入碗里的水中,然后把手指从瓶口拿开。水似乎很顺利地从瓶口流出来,因为瓶口是敞开的。然而实际上水并没有流出来。即便用长颈大玻璃瓶来做这个试验,水也不会从瓶子里流出来。

这样的简单实验可以证明空气有重量,因为瓶颈中的水正是靠周围空气对其产生的压力才不会流出来——气压使水朝瓶内流。

尽管这个道理非常简单,可是研究者们却一直没有注意到,直到300年前意大利科学家托里拆利揭开其中的奥秘。托里拆利是伽利略的优秀学生和忠实追随者。他想测出气压的数值并且推论,大气并非漫无止境,它的重量可以限定。所

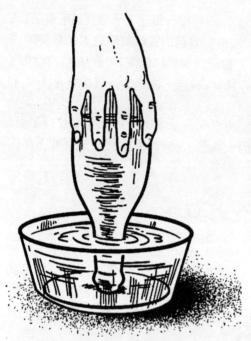

图55 如何利用简易实验来证明空气是有重量的?

以,平衡大气的水柱也应该有限度。假如用超高瓶子来做实验,水就不可能充满整个瓶子。这样,这种瓶子里的水柱就可以视为气压单位了。不过,还可以通过其他方法获取数值,即使用较重的液体取代水。托里拆利使用的是比水重13.5倍的水银。由于自身重量较大,平衡气压的水银柱,其高度应该是水柱的1/13.5。这就意味着,即使在普通尺寸的器皿里也可以看见水银柱的峰值。我们来看一下,托里拆利对自己实验所作的描述:

我们生活在大气的底部,而且实验也雄辩地证明,空气有重量。我制作了很多颈长1米的泡状玻璃瓶,在玻璃瓶中装满水银。然后将其倒放在装有水银的盆中,这时玻璃瓶逐渐变空,但是在瓶颈处大约0.5米的高度仍然留有一些水银。我想证实玻璃瓶是完全空了,于是我开始向盆里倒一些水。随着瓶颈渐渐上移,这时可以看到,瓶口开始接触到了水,就在接触水的一瞬间,水银便从瓶口往外流,这时,盆里的水迅速灌满了整个玻璃瓶。

瓶子空了,而水银则留在了瓶颈里。至今人们都认为,不让水银自然下降的力来自瓶子内部的顶端——器皿内空置的那一部分,或者是非常稀薄的物质。而我却认为,这种力量来自器皿外部——对盆中液体表面施加50×3 000俄尺高的空气柱压力。液体流进玻璃管内,液体对玻璃管既无引力,又无斥力,液体一直向上流,一直流到与外部空气的压力平衡为止,这一点毫不奇怪。显然,正是气压在推动着水银。水会沿着更长的玻璃管往上流,几乎可以流到9米高,就是说,水银比水重多少倍,水就能流到这样的高度。

最高的气压计

托里拆利使用的玻璃管实际上是最早的气压计,即用来测量气压的仪器(认为气压计用来预报天气属于误解)。如果用水替代水银,那么这种气压计中的水柱高度就不是 76 厘米,而要多 13.5 倍,即 10 米左右。

帕斯卡是我们前面曾经介绍过的法国早期科学家,他采用更大的气压计来做实验,因为他用的液体是酒。他将大约 14 米高的玻璃管里灌满了红色的酒,用塞子堵住玻璃管,将其中一端浸入酒桶中,然后将位于酒中的瓶塞从下面拔掉。酒柱(从桶里酒的表面到气压计内的顶端)高 10.4 米(图 56)。显示的就是当时的实验情形。当然,这种实验无法在室内操作,只能在室外进行。还有前面提到的位于托里拆利家乡作为纪念碑保存的油液气压计也是如此(图 57)。

图 56 300 多年前帕斯卡所做的高达 10.5 米的酒精气压计

地球上的空气重量是多少?

下面的实验表明,高度为 10 米的水柱,其重量相当于从地球到大气层顶端空气柱的重量,由此它们达到相互平衡状态。不难算出地球表面每平方厘

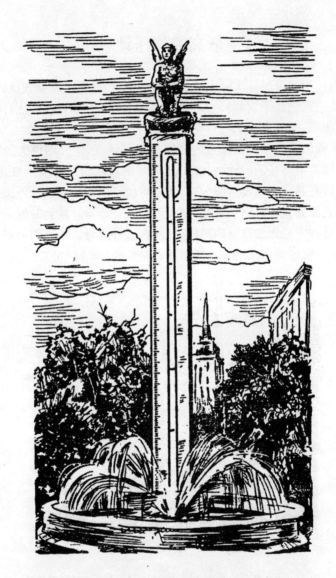

图 57　矗立在托里拆利家乡意大利法恩扎市的气压计
　　　纪念碑,气压计内装的是橄榄油,它高达 11 米,
　　　下面的喷泉也是托里拆利的发明之一。

米承受的大气压力是多少,即这种压力与底面为 1 平方厘米、高 10 米的水柱所产生的压力相同。这样的水柱其体积为 1 000 立方厘米。我们知道,每立方厘米重量为 1 克,所以,整根水柱重 1 千克。这与从地球到大气层顶端同样厚

度的空气柱的重量相同。就是说,大气对地球表面(或者上面的物体)每平方厘米的压力为 1 千克。

了解了这一点,很容易算出围绕我们地球的空气总重量:地球表面积有多少平方厘米,空气就重多少千克。地球的表面积取整数为 5 亿平方千米。可以算出,整个大气层的重量为 5 000 000 000 000 000 吨,即 500 万亿吨! 这样的重量真是难以想象。不过,如果比较地球自身的庞大重量,大气层的重量则显得微不足道。有人做过计算,大气层的重量几乎与珠穆朗玛峰的重量相当,仅为地球重量的百万分之一。

大气层的高度是多少?

如果计算大气层重量的方法比较简单,那么,要了解它的高度就困难多了。高度越高,空气越稀薄,这也阻碍着人们向高度进发。在海拔 1 500 米的高度,空气开始变得稀薄,人们开始感觉难受,尽管在这种海拔高度上空气异常洁净,没有任何污染。从海拔 3 000 米开始,大气中含氧量仅为平原地区的 75％,开始出现"高山病"的症状:头晕、恶心,脉搏和呼吸加速。到了 4 000 米的高度,呼吸从每分钟 18 次增加到 40 次,而脉搏则从 80 次增加到 140次。到 5 000 米时,人体内每立方毫升的红细胞数量由平时的 500 万上升到 800 万(如果长时间在此逗留)。不过,有些人已经习惯了这种海拔高度。例如,中国西藏地区的居民就生活在几乎这样的高度上(4 860 米),而秘鲁则在 4 870 米高的地方修建了世界上海拔最高的火车站。

在海拔 6 500 米的高度时,空气比海平面几乎稀薄一半。尽管这样,在 7 000 米的高空却经常看见兀鹰在翱翔,没有任何一种动物可以比它们飞得更高了。然而,人类却可以比它们登得更高,当然必须随身携带特殊的呼吸设备,如果没有这些装备,人类不能在这样的高度生存。珠穆朗玛峰是地球上最高的山峰,海拔达到 8 850 米。1875 年,蒂桑迪埃在攀登珠穆朗玛峰时,在海拔 8 600 米的高度不幸身亡,这群勇敢者竟然不带吸

图 58

氧机攀登这样的高度。蒂桑迪埃和他的队友被迫在距离峰顶几百米的地方停止了攀登。目前，已经有大约1.5万人登上了珠峰。

1934年4月11日，意大利飞行员多纳蒂驾驶飞机飞到14.5千米的高空。如果乘坐热气球，人们还可以飞得更高。要使用大型的热气球，而且人们也并非置于露天的吊筐中，而是坐在密封的座舱里，因为置身于这样空气稀薄的高空，极易窒息而死。这种专门的高空热气球称为平流层气球。

1934年，3位苏联浮空器驾驶员费多谢延科、瓦先科和乌瑟斯金乘坐"探索"号平流层气球升到了超过前人的高度，然而为此献出了宝贵的生命。1月30日，他们上升的高度达到了22千米。那里的空气几乎是地面上的1/20。空气中完全没有水蒸气，因而那里的天空总是晴朗无云，不像我们在地球上仰望天空是蓝色的，那里的天空几乎是黑色的。那里永远没有风，永远寂静无声。

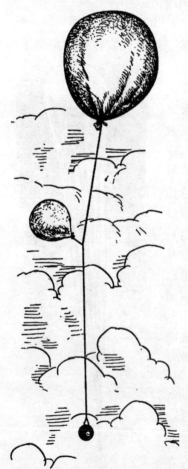

能够升到如此高度大气层的只有无人小型气球，这种携带着自动测量仪（自动式温度计和自动气压仪）的探测气球上升高度达到35千米，那里的空气更加稀薄，大概是地球表面的1/100。

在这样稀薄的空气中，气球里面的空气会不断膨胀，从而导致气球破裂，它所携带的仪器会在降落伞的牵动下缓缓落地。但是落到地面的这些仪器并非总能全部找到，科学家因其中一部分仪器丢失而无法掌握全部数据。为此制造出一种特殊的探测气球，它们携带的仪器能够通过无线电自动传递数据。这种无线电探空仪由苏联科学家阿·巴·莫尔恰诺夫发明。

大气层的界线应当是空气能到达的最高高度，这一高度为600—700千米，只有极光才能到达那里。100千米高空的空气是地面空气的百万分之一。如果我们还记得，所谓"真空"电子管中的空气"仅仅"为几十万分之一，那么，可以认为100千米的高空实际上是真空。而科学家们以更为严格的标准将大气层的高度增加了6—7倍。乘坐飞机、飞船和探测气球来探索大气层这一极限高度是不现实的，因为它们不可能滞留在这种空气稀薄的环

图59　携带自动记录仪的探测气球

境中。或许,将来会有携带自动记录仪的火箭飞向那里,我们期待这些仪器告诉人类这种高度上的环境会是怎样。

沉重的报纸

"把报纸放到手中"哥哥对我说。在青少年时代,物理对我来说完全陌生。"报纸很轻是吗?"当然了,我想,报纸轻得你可以用一根手指头把它托起来,但是现在你会发现,报纸很沉、很重。给我拿把绘图尺来。

"它会碎的。"

"那就更好了,碎了也没什么可惜的。"

哥哥把尺子放在桌子上,让尺子的一头从桌子边稍稍探出来一些。

"碰一下尺子探出来的那一端,很容易将尺子往下压,对吗? 但是我现在用报纸盖到尺子上面,你再去碰它。"

图 60

"你去拿一根木棍,使劲敲打露在外面的那部分尺子,用力敲。"

"我一定使劲敲,把尺子敲飞!"我鼓足力气,激动地大声说道。

"使劲敲,别吝啬自己的力气。"

敲打的结果完全出我的意料,尺子"咔嚓"一声折断了,而报纸则留在桌子上,盖住尺子的另一段。

"报纸比你想象得重吧?"哥哥嘲笑地问道。

我不知所措地把目光从断了的尺子上移向报纸。

"为什么尺子没有挑起报纸？我用一个手指头就能把报纸托起来的嘛！"

"实验原理表明，空气对报纸产生了巨大压力，空气压向报纸的压力是1千克/每立方厘米。当快速敲打尺子露出的一端时，压在报纸下面的那段尺子只是将报纸向上掀动一下，不能将报纸挑起；如果慢慢敲打，空气会从外面进入到微微抬起的报纸下面，它和报纸上面的压力相等，可以将报纸挑起。由于你敲打速度过快，空气还来不及进入报纸下面。当报纸中间部分向上掀动时，报纸的四边还铺在桌子上，你掀起的不单是一张报纸，而是报纸和压在它上面的空气。尺子无法承受这样的重量，它当然就折了。"

神奇的一吹

还有一次，哥哥做的另外一个实验也令我困惑不解，这个实验是关于空气性质的。他用一张大报纸粘成一个长长的纸袋。

"非常结实的袋子，"哥哥说，"我把它做成双层的，目的是向里面吹气时，纸袋不会漏气。看，做好了。现在袋子还是瘪的，可以在上面放几本书。"

我在书架上找了3本很重的医学图册，把它们放在桌子上。

"你能把纸口袋吹起来吗？"哥哥问道。

"当然能啦！"我不假思索地答道。

"很简单的事，是吗？那如果在纸口袋上放两本这样的书呢？"

"噢，那样的话，我是无论如何也吹不起来的。"

哥哥默不作声地把袋子放在桌边，用一本书压住它，上面还立着一本书。

哥哥开始朝口袋里吹气。你能猜到接下来会发生什么吗？口袋鼓了起来，下面那本书有些倾斜，将上面立着的那本书弄翻了。这些书可是有5千克重呢！

我还没有从震惊中缓过神儿来，哥哥又在口袋上放了3本书，又做了一遍实验。真是神奇的一吹！3本书全被吹倒了！

在这个看似非比寻常的实验中其实并没有什么奇特的地方。当我自己亲自试验的时候，也像哥哥那样将书吹倒了。无需拥有大象般的肺部，无需拥有强有力的肌肉，一切似乎非常自然，不需要花费更大的力气。

这时，哥哥开始给我解释其中的原理。在我们吹纸口袋的过程中，我们向口袋里吹入了空气，而这部分空气显然比口袋外的空气压力要大，否则，口袋是不会膨胀的。口袋外空气的气压大约为1千克/每平方厘米，同时我们需要粗略计算出口袋与压在它上面的书接触的面积。得出的面积约为150～300平方厘米。袋子里的气压与外面的气压差是 1 000：15≈70 克（我们吹入空气使用力量的大小，可以使用气压计进行测量，我不止一次地做过这个实验，并且确信，我们吹一口气可以使水银气压计上升 5～6 厘米，而大气压约相当于 76 厘米水银柱，76/5≈15）。现在很容易计算出，袋子内部空气对书产生的压力应当是不少于 70×150≈10 000 克，即 10 千克。如此大的压力足以将压在上面的书掀翻。

　　如果袋子受压部分的面积再增加 10 倍，就可以将人"吹起"。你的同学当然不会相信这点：难道人会那样轻，只要一吹就能把人吹倒？你可以使他相信，在他身上做这个实验，为此你需要做一个更大的纸袋，最好用整张报纸来做。为了让纸袋更结实，可以多粘几层，否则一吹气纸袋就会破裂。袋子的一角粘上一个吹嘴，类似鹅毛状的小管。连一条长的橡胶管，这样你就可以不用弯腰吹气了。

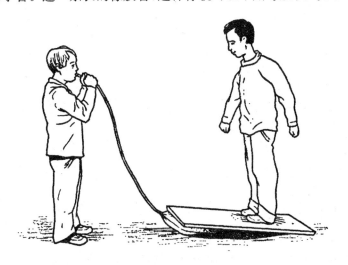

图 61

　　经过这些简单准备之后，让他站在纸袋上，你很容易把他吹倒。为了不让同学难堪，也可以让他吹你吗！

蜡烛能轻易吹灭吗？

　　现在我们可以相信，有时，我们轻轻地吹口气竟然会有如此大的力量。然而有时却相反，我们吹出的气力量非常弱。你是否尝试过用漏斗吹灭蜡烛？恐怕没有试过。可以预先告诉你，等做完这个实验，结果一定会让你意想不到：用漏斗吹灭蜡烛并非易事。你无论怎样用漏斗朝蜡烛吹气，火苗都不会晃动。不但如此，如果将漏斗靠近蜡烛,火苗不但不会被吹向两侧,相反还会逆着气流靠向漏斗(图 62)。

怎样才能通过漏斗吹蜡烛呢?方法其实很简单:别让漏斗的中心正对着火苗,而是从漏斗的边上吹。这样用适当的气力一吹,蜡烛就会随即熄灭。

图 62

这一奇妙现象的原因何在?其实,从狭窄的漏斗口吹出的气流并不是一直沿着直线前行,而是顺着漏斗的内壁扩散开来,因此,空气在漏斗的中心部位就会变得稀薄,所以由此也造成空气回流。现在明白了,为什么正对着漏斗部位的蜡烛火苗会迎向漏斗,而对着漏斗边缘的火苗则会向外倒,甚至被熄灭。

这一实验使苏联发明家奥·特·西尼钦产生了灵感,他要对一种重要的物理仪器"克鲁克斯管"进行重大改进。他在信中告诉我:"解决方案有几种,但是,采用漏斗的方法是最好的。空气沿着漏斗的内壁扩散,而非直线前行,这种实验方法我是从您的书中了解到的。而且我实验了不止一次,所以我相信,它有助于解决真空状态如何与周围环境相衔接的问题。"

这一事例告诉我们,有时一项简单的实验可以开启通往重要发现之路。

水为什么没有流出来?

下面要介绍的是一个十分简易的实验。先将杯子盛满水,然后用一张明信片或是白纸盖在杯口,接着轻轻地用手按住明信片并将杯子底朝上倒置过来。现在,可以把手拿开,如果你不斜着拿杯子,明信片没有掉下来,同时水也不会流出来。

在这种状态下,你可以自如地拿着杯子在屋子里来回走动,甚至可以比平时还要轻松自如,杯子里的水始终也不会洒出来。这时你可以用它来让你的同学大吃一惊:当他朝你要水喝时,你把倒置的装着水的杯子递给他们。

究竟是什么托着明信片使它不至于掉落?答案是来自空气的压力:它会从下

面对明信片产生力。很容易计算出，这个力比杯子里水的重量大得多，也就是说，这力量大于 200 克。

图 63

　　孩提时代，有人曾向我展示并解释这个实验，当时我注意到：为了让试验成功，杯子里的水一定要倒满。反之，杯子的一部分空间会被空气占据，实验很可能失败。杯内的空气与杯外空气的压力相平衡，对明信片产生向下压力，因此，明信片可能会掉落下来。

　　明白了这个道理之后，为了亲眼看见明信片掉落的情况，我立即决定用没装满水的杯子再试一次。但是，令我吃惊的是，明信片却没有掉落！我又试了几次后，证实了明信片确实和杯子装满水的时候一样，没有掉落，而是完好地贴在杯口。

　　这件事给我上了生动的一课，让我明白该如何研究大自然的现象。实验才是自然科学里的最高法官。无论是多么接近真理的理论，仍需要接受实验的检验。"既相信，又验证"是 17 世纪佛罗伦萨科学院院士研究自然界的最初原则。20 世纪的物理学家也同样遵循这条原则。如果在实验的时候发现，我们证明的理论是错误的，那么就应该去查明错在哪里。

　　在生活中不难找出一些乍看上去令人信服，而实际上却是错误的论断。当用纸堵住未装满水的杯子的杯口时，我们小心翼翼地将纸的一个角折起。这时，我们会看到水中出现一些不断上升的小气泡。这意味着什么呢？当然，杯中的空气较杯外更稀薄，来自杯外的向上的空气压力大于杯内向下的压力，因而纸片还是紧贴在杯口，没有掉下去。要是杯子里完全没有空气，外面空气对杯子产生的压力约为 60—70 千克（杯口的面积），很难把明信片从杯子边拽下来。

　　即便是最简单的物理实验也应该用认真严谨的态度来对待，这一点值得肯定。

潜 水 钟

　　准备一个普通的洗脸盆，如果有一口缸就更好了。此外，还需要准备一只高一点儿的杯子，这只杯子就是你的"潜水钟"，而盛满水的水盆或缸可以被看做是缩小版的大海或湖泊。

　　实验十分简单。首先，将杯子底朝上倒置，按到水盆里，一直按到盆底，手要一

图 64

直按住杯子（避免杯子浮起）。这时，你会看到，由于杯子里面有空气，所以水并没有进到杯子里。如果在你的"潜水钟"里放有容易吸水的物品，如方糖，你会看得更加清楚。在水中放一个木塞，木塞上放一块方糖，在它们外面罩上杯子。这时你会看到，方糖所处的位置虽然低于盆中的水面，但是由于水没有进入杯子，所以方糖仍然保持干燥状态。

你也可以用玻璃漏斗来完成这个实验。先将漏斗口朝下倒置，然后用手捂住上面的窄口，将漏斗浸入水中。你会看到，水同样也没进入漏斗。但只要你把手从漏斗口拿开，漏斗内的空气就会跑出去，漏斗内的水位开始快速升高，直到与漏斗外的水平面相等。

日常生活中，人们在"潜水钟"或是在被称作"潜水箱"的器物里进行水下工作的实例可以更直观地解释这类实验。二者的原理其实是一样的。

人 在 水 下

虽然空气可以溶于水，可是，人类的肌体结构却不能像鱼那样呼吸这些溶于水中的空气。为了能够待在水下，人或者需要随身携带氧气瓶，或者保持与水面上的空气相连。潜水设备就是利用这两种原理。一种是 18 世纪末研制的所谓"潜水钟"，人可以呼吸潜水钟里储备的氧气；另一种是穿着特制的潜水衣——潜水服入水，人可以获得水外面的新鲜空气。目前，"潜水钟"已经不再使用，只有潜水服还在为人们服务。

古时候，人们认为给潜水员提供空气很简单：将一根管子从人的嘴里伸出来，高出水面，借助这根管子来呼吸空气，这样潜水员就可以在水下待上任意长的时间。大象将头浸入河水时，总会将长鼻尖从水下伸出水面，呼吸外面的空气。然而，当人们也采用同样的方法时，结果却是悲剧性的：将可怜的潜水员从水下捞出时，人已经没有了呼吸。这种悲剧发生几次后，再也没有人敢尝试这种危险的实验了。

为了弄清失败的原因，一位维也纳医生亲自进行了一系列的实验。他携带一根可以在水下呼吸的管子，将身体浸入水不太深的浴缸中。结果证明，人的机体在这种实验中只能坚持几分钟，尽管潜入的水深只有 60 厘米。在 90 厘米深的水中，这位医生坚持的时间总共只有 1 分钟，水深 1 米时只有半分钟，水深 1.5 米时则不

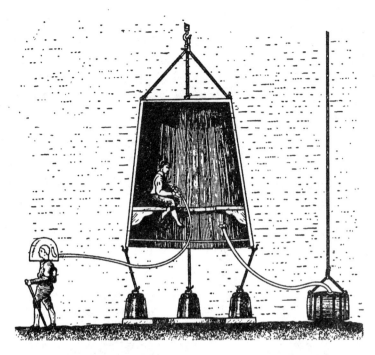

图 65

超过 6 秒。当这位医生鼓足勇气带着管子潜到 2 米深时, 2 秒钟之后他便失去了知觉。他的机体出现了非常严重的紊乱,经过 3 个月的精心治疗,他才恢复了健康。

这是怎么回事呢? 在水下通过伸出水面的管子来呼吸为什么会对人体产生危害呢? 其实不难想象其中的原因。在水下,身体会经受来自外部水的强大压力,与此同时,通过管子与外部空气相连的肺部则会感受到正常的大气压。这样一来,由于内外压力不平衡,血就会从身体下部涌向肺里,因此流回心脏的血减少了,身体便会出现充血而肿大。用小动物做的实验可以发现,其下肢和腹腔几乎处于完全失血状态,用手术刀切开其内部器官,几乎没有血液流出。

但是潜水员的身上为什么没有发生这种情况呢? 因为我们在潜水过程中,肺部存有空气,这种空气受周围水压影响的程度与身体其他部位受到的水压影响相同。内外压力一样,所以,不会出现我们前面所描述的那些惨剧。现在你可能已经明白了,向处于河底的潜水员输送的空气并非正常气压,而是潜水员所处水深所承受的相同气压。水深 10 米时,水压为 1 千克/每平方厘米。因为正常大气压正好也是 1 千克/每平方厘米,这样的压力通过水传递到潜水员身上。那么,当潜水员下到 10 米深的水下之后,他就会感受到 2 千克/每平方厘米的压力了,这就意味着，供给潜水员的应该是压缩为两倍的空气，根据物理学原理，这种空气产生的压力比普通空气的压力大一倍。20 米水深时，输送给潜水员的空气应该被压缩成 1/3 输送给潜水员。30 米水深时，空气则被压缩成 1/4。

可是，一个人是否可以呼吸这种浓稠的空气？实验表明，人可以呼吸的压缩空气，其最大浓稠度为正常空气的 4.5 倍。这是水深 35 米时的主要压力，这也是一个人使用正常潜水服可以潜入的最大水深。

前面说过，潜水员不能潜入超过 40 米的水深，指的是穿着普通潜水服的"潜水高手"。普通潜水服是一种柔软的橡胶衣服，通过这种潜水服水压可以完全传导到身体上。而用最坚固的钢板制成的潜水服，实际上就是一个钢外套，它可以保护潜水员的身体不受周围水压的影响。这种钢制潜水服的关节连接部分可以弯曲，让潜水员可以自由移动。身穿这种防水服可以下潜到远远超过 35 米的水深。当然，这种钢制潜水服也有下潜限度，不能潜入超出其承受压力的水下，否则，一旦潜水过深，这种潜水服就变形了。

 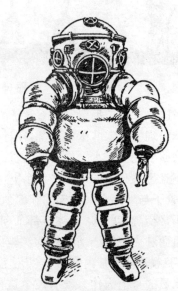

橡胶潜水服　　　　　　坚硬笨重的深水潜水服

图 66

金属潜水服的出现适应了现实生活的需求。世界大战期间沉没的轮船超过 4 000 艘，这些轮船所装载的货物价值数百亿卢布。部分沉没的货物位于水下并不太深的地方，可以将其打捞出来，随即兴起打捞热潮。后来人们发现，至今为止，从海底打捞出来的货物，其价值远远超过从加利福尼亚发现金矿以来所开采的所有黄金的价值。

在大洋深处

1932 年秋天,美国学者乌利雅玛-比普驾驶一个被他称为"测深球"(也就是能抵达深处的球体)的密闭钢球装置潜入海底,成功抵达大洋 660 米的深处。

以下是他自己讲述的关于那次潜入大洋深处的特殊经历:

海底探测的准备工作大约持续了一个月。我们多次将空"测深球"潜入到约 900 米的海洋深处,以此来测试"测深球"的性能。

测深球潜海具有极大的危险性,在一次实验中,测深球里渗入大量海水,几乎淹没了整个球体。测深球内的空气被压缩到极小的体积,我开始拧动测深球舱口中央的一个大螺栓,转动几次之后传来巨大的"呜呜"声。紧接着测深球舱内快速流入小水流,我小心谨慎地慢慢转动螺杆摇柄,这轻轻的转动声好像美妙的音乐。随着测深球内的气压逐渐变小(螺钉每转动一次气压就减小 1/4 吨),这"美妙的音乐"也变了调。预见到可能发生严重情况,我命令清理测深球舱口前的甲板。突

图 67 钢球(测深球)用于深水区的勘探,美国人比普驾驶该装置潜入 660 米的大洋深处。

然，锁紧的螺栓从我手中滑了下去，飞一样弹过甲板。紧接着从螺栓口涌入一股巨大的水流，迅速变成一座喧嚣的瀑布。看到此景，我感觉似乎踏上了死亡之路。

9月末，海底探测的工作准备一切就绪。被大家称作学者的测深球的制造者巴顿和比普两个人也参加了这次探险活动。他们坐在钢球内，随时可以通过电话交流各自在船舷上的所见所闻，他们从船舷处开始进行潜水勘探。

再次检查所有设施之后，下午1:15分我们进入了测深球。关闭舱门，开始拧紧数10个大螺丝，这巨大的响声几乎把我们俩震聋了。互祝"好运"之后，我们拧紧螺栓，开始了我们的潜海探险之旅。

巴顿拧开氧气瓶开关，我带上耳罩并和电话员取得联系。准备就绪之后，我命令开始潜水。我们可以明显地感觉到测深球在颤动，在大气中游动。水波激荡的声音令我们永远难忘，玻璃窗外不断冒着气泡，海洋上方清澈明亮如同翡翠一样，我们都沉浸在这美景之中。

对于石英制的舷窗我并不担心，它们完全可以承受住900米大洋深处的压力。但是，在潜水的最后阶段电话线的密封装置里渗入大约2升海水，另一个让我担心的是那盏1000瓦的电灯，我们第一次安装了这样的电灯，我们不知道它会对石英窗产生怎样的影响。

潜入第一个60米的时候，我们尽量调整姿势，为的是在这拥挤的空间内（测深球直径为1.5米）活动自如一点。记事本、小手电筒都放在我胸前的口袋里，另外一些小东西我随便放在口袋里，其他物品我则根据需要放在测深球底部的中间。我负责观察窗外情况，而巴顿负责探照灯、密封装置和氧气瓶。

2:47分测深球到达300米的深处。

探照灯光越来越弱。我们借助探照灯微弱的光亮检查了我们这个狭小空间里的所有设施。最后巴顿证实，船舷和氧气瓶开关完好无损，电话线也没有什么异常。我用小手电筒照着窗外，看到从玻璃边缘流入了一小股细流，而且我发现所有玻璃上都有湿润的细流痕迹，这时我们才明白，这是热胀冷缩的结果，而不是外面的水流渗透进来。

舱外一对深水鳗鲡和我们一起游弋，与我咫尺之隔的地方掠过一群海星。

氧气比平时流失得快，因此，巴顿开始将读数仪表调到尽可能小，而我们同地面的联系也逐渐变得不通畅，仅仅可以接收到一些说话的片段。

2:56分我们被某种响声震得发聋，后来我们知道，这是拖缆汽笛发出的警报声，它提醒我们，我们的潜水深度已经达到425米，这是一个新的纪录。

抵达450米深处时，我们打开了探照灯，借助于探照灯的光亮我们看到了刚刚游到另一侧的两只大鳗鲡。

在 495 米深处周围更加黑暗,如同地狱一般,但我顾不得比较这两种黑暗的差别。离我们一米远的地方游过一群水母,它们闪烁出明亮的绿色。

3:06 分我们到达了 510 米深处,并且在此停留 3 分钟。在这个深度,即便是借助某些工具,人的肉眼也很难分辨出太阳光线。

我们潜到了一个太阳光线也难以穿透的区域。

在 585 米深处,我们经历了第一次剧烈的震颤,这出乎我们的意料。我的唇部碰到玻璃的突出部分被划破了,而巴顿的头撞到了船舱门上。我们俩体验到了潜水过程中最强烈的一次恐慌。我突然觉得我们的船好像要翻了似的。此后,这种震颤每 2—3 分钟就会发生一次。

当我们潜入 630 米深处的时候,测深球颤得更加强烈,我们携带的大部分化学物品震落到我们头上。我们不得不重新摆放剩下的化学物品,以使其继续不停地吸收二氧化碳。

3:23 分我命令继续向深处潜入。3 分钟以后,我们接到报告,我们已经潜入 660 米深处了。球体内的温度几乎保持不变,但是,钢壁像冰一样冷,窗玻璃上的寒气也使我的鼻尖变得僵硬。我们不时地擦拭着玻璃。

过了一会儿,我们查看了头顶的密封装置,发现电话线的软管被挤压下滑到测深球 1.5 英寸的深度。测深球的震颤已经让人难以承受。商量之后,我们决定,我们此次的目标已经达到,没有必要再停留在这种让人无法承受的困境之中。于是,我命令开始上升,回到海面。

4:08 分我们回到了海平面,我们爬出舱门,精疲力竭,但是却心满意足。

水中取物手不湿

现在你们已经相信,包围着我们的空气会向与它接触的物体施加压力。接下来要介绍的这个实验会更直观地证明这种被物理学家称为"大气压力"的现象。

在扁平的盘子里放一枚硬币或一个金属纽扣,在盘子里倒满水,这样硬币便沉到盘底。现在要求在不湿手且盘子里的水又不倒出来的条件下,将硬币从盘子里取出。听到这儿,你们也许会说,这绝不可能。但是你们错了,现在请睁大眼睛仔细看吧。

首先,取一只杯子,在杯子里点燃一张纸,当杯子内的空气烧得发热时,将杯子倒过来扣在盘子里,并使硬币处于杯子旁边且与杯子保持一定的距离。现在请大家仔细观察会发生什么情况。过了几分钟,倒置的杯子里的纸熄灭了,杯子里的空气开始冷却。伴随着杯中空气的冷却,水好像开始进入到杯子,最后全部流到杯子里面,盘子的底部露了出来。

稍等几分钟,当硬币彻底变干后,将其取出,这时我们的手确实没有被弄湿。

发生这种现象的原因并不难理解。在杯子烧热的过程中,杯子中的空气如同其他被烧热的物体一样会膨胀,膨胀后多余的那部分空气跑出杯子。当杯子开始冷却时,杯子里的空气显然变得稀薄,无法提供和原来一样大的压力来和外部气压保持平衡。这时,杯子正下方的水比在杯子周围的水承受更小的大气压力,所以,杯子外的水进入杯子就不足为奇了。实际上,水并不是像看上去那样被"吸"进杯子,而是从外面被"压"进了杯子。

图 68　炽热的火焰使盘子中的水积聚到倒置的杯子里。

了解原理之后你就会明白,在实验中并非一定要燃烧白纸或燃烧蘸有酒精的棉花,用沸水反复浇烫杯子也可以取得同样的效果,因为我们的目的只有一个,使杯子中的空气升温变热。

也可以采用下列方法。比如喝完茶,趁着茶杯还未变凉,将茶杯倒置在事先倒了一些茶水的茶碟上。几分钟之后,茶碟中的茶水就进到了茶杯里。

风　压

当风(空气流动)碰到障碍物时,它就会对障碍物施加强大的压力,这压力远远大于 1 千克/每平方厘米的力量。在这种情况下,障碍物前后所承受的气压是不相等的,因此,大风会把物体吹到别的地方。这股力量就是我们常说的"风压"。

风吹到物体表面的压力值取决于风速和"风力"。弱风垂直吹向表面积为 1 平方米的物体时,风力为 4—5 千克,强风是 30 千克;飓风则发出 75 千克的风力。我们不难计算,如果强风吹向高 4 米、粗 5 厘米的天线杆时风力为 6 千克,而暴风的风力为 15 千克。你也可以轻松算出,强风吹断长 50 米、粗 4 毫米的电报线的风力是 6 千克;而暴风吹向高 8 米、粗 25 厘米的电线杆的风力是 150 千克。

计算一下,飓风风压和蒸汽机车汽缸内的蒸汽压力哪个更大?事实或许会令你感到很奇怪,原来蒸汽压力比强飓风的风压要强很多倍。实际上,飓风压为 300 千克/平方米,每平方厘米比蒸汽机压力小 1 万倍,即 3/100 千克。推动汽缸运作的蒸汽压能够达到每平方米 10 千克,而最新的蒸汽机的蒸汽压更大。因此,对于吹向相同的建筑物而言,蒸汽压比具有毁灭性的飓风压要强大上百倍。

如果说移动的空气能够向其对面静止的物体施加强大的压力,那么静止的空气则会向运动物体施加更加强大的压力。这就是我们所说的"空气阻力"。

如何利用空气使火车停下来?

有时,压缩空气的压力可以强大到使行驶中的火车停下来。我们称这一现象为"空气制动"。下面的图示也进一步展示了类似的制动装置。在蒸汽机车中(图 69)安装了一个总风缸,这个风缸充满了从泵(压缩机)中释放的压缩空气。压缩空气管道将压缩空气从总风缸输送到每节车厢的分风缸里。当管道充满压缩空气时,制动块便不会紧贴轮箍,因为一个特制的阀门 V(图 70)会阻止风缸中的空气进入制动缸内,弹簧 S 会将制动块拉离车轮。为了使制动器工作,司机会将管道中部分空气排出去以减小其内部的压力。到那时,阀门会自动打开,风缸(车厢底部的)内的空气便进入到制动缸内,并猛烈冲击它,激烈地碰撞弹簧,使制动块靠近轮箍,于是旋转轮就会慢慢减速。有时,在必要的情况下,可以让乘客进入车厢,因为管道还有另一个阀门,这个阀门是用来打开靠近车厢墙壁的转动手柄的。最后,空气

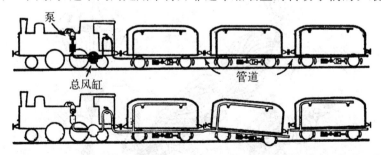

图 69　使火车停下来的空气制动装置。图 70 显示的是火车车厢脱节时制动装置是如何运转的。两幅图中加粗的部分充满了压缩空气。

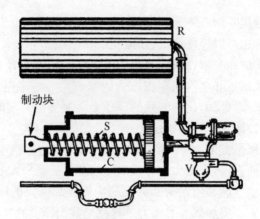

图70 空气制动装置详图。当制动装置未
工作时，阀门 V 关闭，筒 R 中的压
缩空气不会进入制动缸 C 中，弹簧
S 远离连接制动块的支杆。

释放，进而火车制动，而这一切能够自然发生的条件是：如果行驶的火车由于某种
原因脱节，刹车系统自动启动，列车的所有车厢都会停下来。

降落伞

用纸做一个直径为几个手掌大的圆形纸片，在正中央剪出一个几指宽的小圆
口。在圆纸片的边缘剪出一圈小洞，在小洞内穿上细线，每根细线长度相同，细线

图71 飞行员是如何跳伞的?（跳伞的 3 个阶段）

末端可以挂上一些重物。这样,一个简易的降落伞就做完了。

为了检验这个小降落伞的性能,我们从高楼上将其往下抛。我们会看到,重物开始拉紧细绳,圆形纸片完全打开,降落伞缓缓下落,最终安稳着地。在无风的天气里,降落伞可以安稳着地。而在有风的时候,即便是很小的风,也能将降落伞吹得满天飞,最后落到一个很远的地方。

降落伞的"篷"越大,能悬挂的重物就越多(为了不使降落伞被风吹翻,必须悬挂重物),在无风的天气里降落伞降落得很慢,而在有风的条件下则会飘得很远。

大 气 悬 浮 物

为什么灰尘会飘散在空中？人们习惯地认为,灰尘能飘在空中是因为灰尘比空气轻,这是完全错误的说法。

灰尘是什么？灰尘是石头、黏土、金属、木头、煤炭等的细小颗粒。所有这些产生灰尘的原料都比空气重很多倍:石头是空气比重的 1 500 倍,铁是 6 000 倍,木头是 300 倍。这就意味着,灰尘并不比空气轻,相反却比空气重许多倍。

照此推断,灰尘必定在空气中下落。但是灰尘的下落就像降落伞那样,速度很慢。原因在于,即使非常细小的颗粒,它的表面积并不像它的重量那样微小,换言之,即便再微小的颗粒,它的表面积也比它自身的重量大得多。我们将颗粒的表面积与一颗子弹进行比较。假设子弹的重量是颗粒的 1 000 倍,而颗粒的表面积却只比子弹少 99%。这意味着,如果表面积与重量相比,颗粒的表面积与它自身重量的比值是子弹表面积与自身重量比值的 10 倍。大家设想一下,如果颗粒继续缩小,直至重量是子弹的百万分之一,那么颗粒就变成了铅颗粒。这样的铅颗粒表面积与自身重量的比值是子弹表面积与自身重量比值的 1 000 倍。而空气带给它的阻力自然就是给子弹的 1 000 倍。所以,灰尘颗粒会飘在空气中,而哪怕遇到再小的风,灰尘随即又被吹向高处。

纸 飞 镖

投掷飞镖是在空气的阻力中完成的。飞镖是澳大利亚土著人的神秘武器,他们投掷的飞镖会在空中绘制出一幅幅精美绝伦的曲线图。你也可以利用薄纸片(如明信片等)制作出类似的飞镖。先在薄纸片上画出飞镖的形状然后进行剪切。为了使自己制作的纸飞镖能够飞起来,请将它放在书的边上,然后用铅笔头沿着镖翼用力地敲一敲。将飞镖掷出,它会在空中划出一条平滑的弧线,如果未击中物体,它会突然转向,然后飞回到你的脚下。这样不断反复地练习,你一定会在投掷纸飞镖这门艺术中取得佳绩(图72)。

图72

空 气 阻 力

在赛跑中,有实力的运动员一般不想在起跑时超过对手,相反,他们尽量跟在别人后面。只有快接近终点时,他们才逐渐发力超过其他对手,最终第一个到达终点。他们为什么要选择这种策略?为什么起跑时他们要落后于其他对手呢?

原因是,在快速的奔跑过程中需要消耗大量的体力来克服空气阻力。一般情况下,我们不会感觉到空气带给我们的阻力:在房间中踱步或沿街散步时,我们都会行动自如,毫无阻力。而这仅仅是因为我们行走的速度不够快。当快速行走时,我们就会感到,空气明显地阻碍我们前进。骑自行车的人更能感受到这一点。所以,自行车运动员在比赛时总要稍稍弯下身子并靠近车把,这不无道理。他们这样做可以减小空气聚集的表面积。可以算出:以 10 千米/小时的速度行进时,自行车运动员就要消耗 1/7 的体力与空气阻力作"斗争"。以 20 千米/小时的速度行进时,要消耗他 1/4 的体力。而以更快的速度行进时,则需要消耗运动员的 1/3 体力。

现在你应该了解长跑运动员那种奇怪的比赛策略了吧。他故意落在那些缺乏经验的对手后面,使自己无需消耗太多的体力来克服空气阻力,保存足够的实力,直到快到终点冲刺时,再全力加速,追上前面的对手。

　　我们用一个小实验也可以证明上述道理。用纸片剪一个5戈比硬币大小的小圆,将硬币和圆形小纸片在同一高度分开抛下。你或许知道,在空地上所有物体下落的速度都应该是相同的。而我们这个实验却与这个道理有点不符,我们明显看到圆形小纸片比硬币落到地面晚一些。原因在于硬币比圆形小纸片克服空气阻力的能力更强,也就是说,在下落的过程中,硬币受到空气阻力的影响要比圆形小纸片受到的影响小得多,因此硬币比圆形小纸片早些落到地面。我们再换一种形式来做这个实验。将圆形小纸片放在硬币上面,然后再将它们抛出。这时,您会看到,两个物体同时落地。这又是为什么呢?因为这一次圆形小纸片无需直接面对空气阻力,这个工作已经由在它前面的硬币代替完成了。这一点和运动员故意跑在别的运动员后面道理是一样的。

古老的真空实验

　　我们讲了很多关于空气的有趣故事,现在我们就以第一批空气泵的实验来结束这一部分的讲解吧。这些实验都是在17世纪末由德国马德堡市市长奥托·格里克完成的。他利用图形为我们讲述了这些有趣的实验。

制造真空的第一个试验——抽水

　　在我脑海中曾浮现出这样一个实验场景:

　　"将一个木桶装满水,木桶的所有缝隙都要密封好,使空气不能进入,然后在木桶底部插入一根小钢管,通过小钢管将桶中的水抽出,受自身重力影响,水会自动流出,木桶中会形成一个真空区,其他任何东西都难以进入到这真空区中。

　　"为了进行这个实验,我定制了一个带有活塞和气缸的铜泵,活塞和气缸衔接得很密实(空气不能进入泵中,也不能通过活塞挤出)。然后,在泵上装两个皮革制的阀门,从这个阀门可以流入水,从外部也可以排出水。把泵安装在木桶的底部之后,我就开始往外抽水。但是,活塞还没来得及往桶外抽水,固定泵环箍和螺丝钉就脱落了。

　　"但是,我的实验也不是一无所获。在用更大的螺丝把泵固定住之后,可以开始工作了。3个强壮的工人用力拉动活塞,慢慢地把桶内的水抽出。这时,桶内能听到一些类似水在沸腾的声音。这种声音一直在持续,直到水全部被抽出,桶内变成真空状态。

　　"必须采取某种措施消除之前出现的一些缺陷,我又把一个小一点的桶放到第

图 73　气泵发明人奥托·格里克

图 74　奥托·格里克制造真空的第一个实验。

一个桶中。将长一些的泵管穿过两个桶的底部之后，我吩咐将小桶装满水并堵上桶口，然后将大桶也装满水，重新开始试验。现在，水先从小桶中被抽出，毫无疑问，待小桶中的水被抽干后，小桶内部也会形成真空状态。

　　"但是，随着夜幕降临，白天出现的那种水声停止了，从桶中可以听到断断续续的水声，像小鸟婉转啼鸣似的。这种情况一直持续了大约三天三夜。

　　"当打开小桶的洞孔时，发现桶的大部分空间充满了空气和水。

　　"令所有人惊讶的是，水怎么能够从小桶外进入到如此坚固并且密封的桶中呢？多次实验之后，我确信：由于强大的压力作用，水可以透过木板进入小木桶中，大量空气也随之渗透进去。"

制造真空的第二个实验——抽空气

　　"通过对木头进行研究，我发现木头具有多孔性的特点，容易漏气。于是我用铜制的球形容器代替木桶再进行上述实验。这一次在球形容器上方装一个黄铜开关。除此之外，这次我们将从球形泵的底部抽空气（和之前抽水一样）。

图75　奥托·格里克制造真空的第二个实验。

　　"起初活塞很容易拉动，后来，随着容器里的空气减少，活塞就越来越难拉动了。于是我们找了两个健壮的工人来拉动活塞，往外抽空气。那两个工人拉动一段时间之后，确定容器里的空气已经被抽干了。突然，令所有人感到惊恐的是，伴随着一声巨响，铜制容器突然变扁，像从高塔上被扔下来摔扁了一样。我认为，出现这种情况的原因是工匠可能由于疏忽，使容器没有达到标准的球形形状。于是我们不得不又制作了一个标准的球形容器进行实验。刚开始时，空气很容易被抽出，但后来就越来越困难了。

　　"就这样，我们经过反复实验，终于制造出真空区。

"球形容器的开关被打开后,空气以巨大的力量急速进入这个铜球内,这股力量大到足以把站在铜球周围的人吸进去。如果将脸靠近球体,你会很难呼吸。手也不能靠近那开关,因为手会被巨大的力量吸进去球内的。"

16 匹马也无法拉开两个半球的实验

"我制作了两个直径大约为 40 厘米的铜半球。在其中一个半球上安装一个开关来防止内部空气流失,也阻止外部空气进入球内。除此之外,在两个半球上固定 4 个小圆,这 4 个小圆用绳索穿起来,绳索的另一端用来套住马匹。我还盼咐助手缝一个皮革制圆圈,在蜡和松节油的混合物中浸一下,然后围在两个半球空隙处阻止空气的进入。在开关内接一根气泵管,把球体内的空气抽出。这时你会发现:大气压把两个半球紧紧地连在一起。外部大气压力巨大,16 匹马也无法将那两个半球拉开。即使拉开也要费尽力气,并会伴随一声巨响,这巨响就像枪声一样震耳欲聋。"

"但是,如果打开半球上的开关,并使空气自由进入,那么两个半球轻易便会分开。"

"通过这个实验,我计算出,如果在两个紧紧吸在一起的半球下方悬挂一个重 1 100 千克的重物,那么在这些重物的拉动下,下方的半球就会脱离上方的半球。当然,这一个重物的重量在很大程度上还要取决于空气的状态,因为,空气压力时强时弱,极不稳定。为了论证方便,我们采用了天空中所承载的重量(即空气柱到大气边界的重量)。要想知道地球表面所有大气的重量,首先要清楚地球表面有多少平方千米,再换算成平方肘,这样你就能找到你想要的答案了。"

类似的实验。24 匹马拉不开的两个吸在一起的半球, 空气气流却将它们轻松分开。

"上次实验使用的那两个半球被拉开后撞到地面上,马匹卸套后有些受伤,半球也变得有些扁损。于是,我制作了两个更大的半球,半径为一肘(即 55 厘米)。"它们的体积足够大,即使球内是空的,24 匹马也不能将它们拉开。另外,气缸可以承受 2 211.3 千克的重量。在上次试验中,16 匹马的力量可以拉开 1 100 千克重的重物,那么,要拉开 2 211.3 千克的重物也需要那么大的力量吗?通过计算证明,需要 34 匹马的力量。而现在仅套上 24 匹马,因此可以肯定地说,两个半球不会被拉开。它们还是紧紧相吸,外部空气挤塞不进去。但是,当开关被打开,空气自动流入,那时两个半球便会自动分开了。"

"我们的确可以说 24 匹马的力量不足以分开那两个半球(如果是两个更大的

图76 奥托·格里克和铜制半球

半球,即100匹马的力量也不能将它们分开),但如果让空气进入球体,一个人便能轻松完成看似困难的任务了。"

利用重物分开两个半球的实验

为了使之前实验用过的那两个半球继续使用,我让助手在我家花园围墙的角落里埋入一根柱子,并在其上方安上一根横梁,在横梁上固定一个铁钩。之后我用

图77

一个铁圆环将两个半球挂在那个铁钩上，用4根铁链穿过下方半球上的4个圆环，在4根铁链的底部悬挂一个长方形木板。乍一看，这个装置好像是一个磅秤，我们往木板上不断增加砝码，直到将两个半球分开。

实验证明，空气给每个半球施加1 100千克的力量压。因此，如果在木板上放1 100千克重的重物，两个半球就会被分开。并且，两个半球分开时，会伴有一声巨响。

第四章 冷与热

墙 体 矫 正

　　这一章主要讲热。我们就从一个发生在法国的一座大型建筑物摇摇欲坠的墙体被扶直的故事开始吧。这个历史故事曾经在列夫·托尔斯泰的书中有过记载，并且很早被列为中小学的课外读物。但是在那本读物中关于这个故事的讲述还比较简单，详细地向大家讲述一下当时的情景想必非常有意思。

　　接下来，我就援引一本古书中的描述来详细讲解一下这个有趣的故事。

　　巴黎工艺美术博物馆的地基严重损坏，主大厅的墙皮经常脱落，外墙松垮，随时有塌陷的危险。于是拿破仑一世下令研究修缮事宜，并要求提交一份修缮预算。项目委员会认真研究之后，认为应将墙体推倒，再重新打一个10英尺的新地基，并在新的地基之上重新建起墙壁。所有这些预计要花费1 000万法郎。拿破仑觉得花费太大，方案未被批准，于是这件事就被搁置起来。

　　一年后，这个话题重又提起，拿破仑也意识到事态的严重性。如果建筑物还得不到及时修缮，将会威胁参观者的人身安全。于是，拿破仑下令组建新的委员会研究修缮事宜。委员会做了大量工作，甚至研究了土壤的性质，最后得出结论，无需推倒墙体，只需在墙体底部挖掘10眼深40英尺的井，以便勘探山岩的土壤，再在墙根处竖起几根粗大的花岗岩石柱，并在这些石柱上安置一些起重螺丝杆，托起墙体，因此这样就能够使博物馆免于倒塌和摧毁。这种方案的花费是985万法郎。拿破仑也认为费用过大，于是第二个方案同样未被批准。

　　这时，聪明的年轻工程师马拉尔想出了一个方法，他去觐见了拿破仑。马拉尔对拿破仑说，他研究了博物馆的损坏程度，认为只需花费前两个方案预算费用的1/10就能完成所有修缮工作。马拉尔的计划被批准，于是他开始着手进行修缮工作。

　　首先,他命令在墙体相当高的部位钻出两排直径为手掌长的孔,孔与孔之间的距离不能过大。好奇的人们焦急地等待,接下来会是怎样。但是,几个星期过去了,洞孔只是冒出几个带有螺丝螺纹的粗铁螺栓头。这让那些对马拉尔充满期待的人们有些失望,而那些持怀疑态度的前两个方案的设计者们冷眼旁观。想要用螺栓将整幢楼托起未免太天真了。还要克服墙体的巨大重力将螺丝拧上去,这么巨大的力量从哪儿来? 在大家充满疑虑的同时,修缮工作却有条不紊地进行着。人们看到每个螺栓上都固定了一个四爪锚,因为这些锚能够承受住相当大的压力。在下面那排穿过了整幢建筑的螺栓下面放置许多四角形铁炉,这些铁炉要靠近螺栓。这是做什么的呢? 大家迷惑不解。

　　一天早晨,好奇的人们发现,站在脚手架上的工人在拧螺丝,脚手架支在螺栓突出的地方。过了一会,围观的人群四下散去,他们认为这种方法太荒唐。

　　第二天早上,人们惊奇地发现,下排螺栓的螺丝都松动了,甚至脱离墙壁约有1英寸,于是工人们又去拧紧螺丝。这激起人们更加强烈的好奇心。第三天早上,上排螺栓的所有螺丝也松动了,而当它们被拧紧后,明显看出,下排的螺丝又一次变松了。这样的工作反复进行了大约14天。随着螺丝一次次松动、拧紧,松垮的墙体慢慢坚实起来。这时,大家发现:现在这座墙体已经不是倾斜的了。当得知一个复杂的问题被如此简单地解决之后,前面两个方案的设计者们嘲讽的面孔不禁变得严肃起来,但是他们还是有些心存疑虑,认为这是根本不可能的。

　　修缮工作继续进行。马拉尔将两排螺栓都穿过墙体,并从墙外用坚固的螺丝把锚安上去。当这一切都完成后,点着下一排螺栓下方的炉灶,这时螺栓加热并变长了,从墙体内突出的比之前更长了,于是,螺丝又重新拧紧。紧固螺丝的工作非常耗时,需要一个早上。当炉灶中的火熄灭之后,螺栓冷却并缩短,它的缩短长度取决于它加热时增加的长度,加热时螺栓加长多少,冷却时它就缩短多少。由于这个过程需要克服很大的阻力,因此,螺栓缩进的程度决定了墙壁直立的程度。假如螺栓过细,它们就容易断裂,因为冷却时它们达不到加热时所达到的长度。相反,如果在两座墙壁之间安上一个铁螺栓,并对其进行加热,螺栓要么把墙体推移,甚至把墙推倒,要么螺栓本身弯曲起来。

　　马拉尔使用的铁螺栓非常结实,不容易被拉断,反而能够矫正墙壁,使其重新直立起来。根据这个原理,上排螺栓从墙体凸出来后,螺丝变松,第二天早晨的工作就是重新拧紧螺丝。这之后,再加热下一排螺栓。在螺栓变长的过程中,上排螺栓支撑着墙壁(否则它们就变回之前的状态了)。由于加热,下排螺栓也会拉伸变

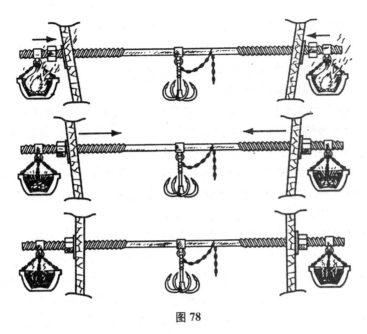

图 78

长，又需要拧紧螺丝。冷却时，这些螺栓将墙壁往里拉大约 1 英寸，而上排的螺栓会又一次变松。

这样的工作每天早上持续 2 个小时，直到墙体最终矫正变直。然后再开始加固地基。所有这些工作仅花费了发给马拉尔资金的一半。剩下的那 50 万法郎拿破仑奖给了这个技艺高超的工程师，除此之外，还为他颁发了奖章。

其中的一排螺栓永久地留在墙壁上，以此来纪念这种高超的修缮方法。这排螺栓至今仍然留在那里，它见证了人们是怎样巧妙地利用大自然的规律并获得可喜的成果。

雪能保暖吗？

人们常说："雪温暖了大地。"这种说法正确吗？毕竟雪也是冰，只不过是粉状的冰，如何能让冰散热呢？

让我们先来看看这个实验吧。在地上放着两个温度计，一个被雪覆盖，另一个裸露在外面。过了一会儿，将两个温度计拿出来，我们会看到，被雪覆盖的那个温度计显示的温度比裸露在地面上的温度计上的温度高。在寒冷的天气里，这种差异更加明显。例如在圣彼得堡林学院校园所做的试验中，一只被埋在由雪覆盖的地下 40 厘米处的温度计显示,其温度比放在没有被雪覆盖的地下 40 厘米处的温度计上的温度高 12℃。如果第二个温度计放在地表面,则在严寒气候下,温差能达到 32℃。在莫斯科郊外也曾做过类似的实验。在 −21℃ 的严寒天气里,被雪覆盖的温度计显示的温度仅有 −0.5℃。

这就是说,无论你感到多么奇怪,雪的确温暖了大地。这对农业的重要性不言而喻。因为秋天播种的种子,如果没有雪的覆盖,在严寒的天气下必将冻死无疑。农民都非常担心冬天不下雪,也很犹豫能否在雪量少的地方播种冬季作物。例如,俄罗斯的赤塔由于冬季缺雪,人们只能种一些大麦、黑麦和小麦等农作物。在东西伯利亚,由于降雪量少而不能种植果树,因为树根很容易被冻死。而在西伯利亚的其他地区,虽然降雪量大,但气候极其寒冷,所以也不能种植果树。

雪的这种发热效应取决于什么呢?不要认为雪能像用煤油炉烧水或炉灶烧火使周围空气变暖那样向土壤中散发热量。雪不可能给予其他物质热量,因为它本身没有热量。它温暖大地的原理与一件大衣或一条毛毯能使我们的身体感到温暖的原理一样。如果你把玩具娃娃裹在毛皮里,它一点也不会感到暖和,原因是玩具娃娃本身没有热量。防止冰块融化的最好方法就是用毛皮大衣将它裹住,其中的道理不解自明。毛皮大衣能够保暖是因为我们的身体本身就有热量,毛皮大衣只不过阻碍了热量从我们体内散去罢了。雪也能阻碍热量散去,它能使土壤内的热量不致流失,以此温暖着大地。当深秋来临,大地被白雪覆盖,但是大地却蓄积了不少由于阳光辐射而带来的热量。雪使得这些热量不致像从地表散发得那样快,所以雪下面的温度与大地表面的温度存在一定的差异。这也使我们产生了一个错觉,好像雪"温暖"了大地。

但是,雪和皮大衣之间有什么共同之处吗?为什么两个完全不同的物质之间存在相同的特性——能够使热量散发较少?为了更好地回答这个问题,我们有必要知道衣服和房屋墙壁的热效应是怎样形成的。令人难以置信的是,衣服和房屋墙体的保温效应不是取决于它们高密度的材质,而是取决于它们本身所聚集的空气。这已经是无可争辩的事实了。

测量证明,毛织品传送热量的能力比空气高 9 倍,比丝绒高 17 倍,比亚麻和棉线高 27 倍。这就意味着,如果我们的衣服压得过实,衣服中的空气被驱赶出来,这时,衣服会快速地将体内的热量传递出去,那时就会感到寒冷了。实际上,在制衣的所有面料中,其孔隙内都含有大量空气,而且空气在衣物中所占的体积远远超过其在密实物质中的体积。棉织物中的空气是 50%,毛织物和毛皮制品中的空气占90%。我们穿毛织衣物和毛皮制品实际是在穿空气啊!

墙壁能够保暖,道理也是一样。树木孔隙中含有空气,其数量占木材总面积的

60%—70%,而在砖块中空气仅占20%,因此,砖房的墙体要比木头房的墙体建造得厚一些,因为砖房墙体的保温效应仅仅取决于空气,而不是依赖木材或黏土。空气传热速度非常慢,因此隔冷效果更好,这一点已经众所周知。双层窗户可以"保温"是由于两层窗户之间有一个封闭的空气层。

雪的孔隙中蓄积大量空气,这一点与毛织品、毛皮和木材极其相似。10升积雪融化后仅得到1—2升的水,其余的8—9升都变成了孔隙中的空气。这说明,雪中80%—90%是空气。雪中的空气越多,雪越疏松,它的传热效果就越差,因此它能够更好地隔冷。雪的密实程度与其传热效果的关系是这样的:雪的密实程度小1倍,它的传热效果差4倍,雪的密实程度小2倍,它的传热效果差9倍。

刚刚降下的雪中空气占9/10,御寒效果是同等厚度砖墙的6倍,是松木墙的2倍,甚至比毛毡还要好一点。但是棉絮的保温效果是雪的2倍。踩过的雪,其密度比刚降下的雪大2倍,但保温效果比刚降下的雪要差4倍,尽管如此,保温效果仍是砖墙的1.5倍。

"如果说一切都源于空气,那么空气应当始终贴近地面,始终围绕我们的身体,甚至没有下雪,没有穿衣服时也应如此。但是为什么天空中自由流动的空气不保温,而只有那些积聚在雪中或衣服孔隙中的空气保温呢?"一位读者提出质疑。

首先,自由流动的空气在某种程度上也是保温的,即它也可以御寒。为什么我们在温度增高的房间里感到温暖呢?你可能会想,因为暖空气传到我们体内。不对,那种传递是不会发生的(除非在浴室里),因为我们的体温比室内的空气温度高,热量的传递只是从温度高的物体传到温度低的物体。实际上,温度增高的房间里,暖空气是一个不良导体,它只是减缓了热量在我们体内的散发速度,所以我们感到很暖和。

不过自由流动的空气保温效果比较差,原因是,暖空气层比较轻,它会被其下层较重的冷空气向上推挤,冷暖空气不断交替,带走我们体内的热量。要想把暖空气变成不良导体,必须降低它的流动性,让它没有可能四处流窜。而保留在衣服和雪的孔隙中的空气恰好具有这种性能,因此,它们很"保暖"。

这也是雪能保暖的原因所在,它不能提高大地的温度,只能减缓大地的降温速度。

气窗开在哪里?

气窗应当开在哪里?是开在窗户上边还是窗户下边?

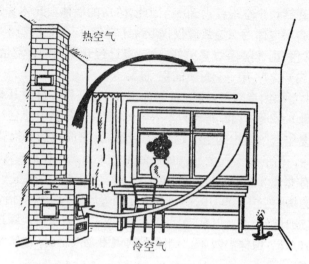

图 79 当炉灶点着,气窗打开,空气从哪里进入室内?

在一些住宅里,气窗开在窗户下边。这种做法的方便之处在于,我们不需要站在凳子上来开窗和关窗。但是这种气窗起不到通风换气的作用。为什么要通过气窗来通风换气呢?这是因为,室外空气比室内空气更冷,因而会比室内空气更重,这样,室外空气就将室内空气挤压出去。如果气窗开在下边,室外空气盘踞在窗的下部,而房间里高于气窗的那部分空气就无法参与空气交换了。因此,气窗开在下边并不科学。

冬季如何给房间通风?

冬季生炉子时将通风窗打开是给房间通风的最佳方式。这时,寒冷清新的空气会将屋内温暖轻薄的空气挤压到炉子那边,这些温暖轻薄的空气会顺着烟囱流到室外。

千万不要以为,关上窗户,外面清新的冷空气也能透过墙缝进到房间里,也能达到通风目的。外面的冷空气的确可以透过墙缝渗透到房间里,但是数量很少,不足以维持炉火的燃烧。此外,这样的冷空气既不干净也不新鲜。

旋 转 的 蛇

在明信片或是在硬纸板上剪下一张杯口大小的圆纸片,然后用剪刀把圆纸片按螺旋形状剪成类似卷缩在一起的蛇的形状（图 80），将纸蛇头部悬挂在支架上，蛇身垂了下来，形成了一个酷似螺旋形楼梯的形状。

纸蛇备好后，可以用它进行实验了。将纸蛇放在燃烧着的炉灶旁边，蛇开始旋转。炉灶周围温度越高，纸蛇转得越快。厨房里到处都可以找到发热的物体——灯、水壶等，趁着这些物品温度正高，将纸蛇放在其附近，你就会发现，纸蛇一直不停地转来转去。如果用一根线将纸蛇悬在煤油灯上方，它会转得更快。

什么能使纸蛇这样快速地旋转呢？在现实生活中，我们经常能感受到这种神奇的东西，这种神奇的东西甚至能使风车的翼片转动。它就是气流。每一个发热的物体周围都有上升的暖气流。这是由于，与其他物体一样（除了冰），空气在加热的情况下体积会增大，这就意味着空气会变得更加稀薄，重量变小。而周围的空气比加热后的空气温度低，因此，周围的空气密度更大、更重，于是开始排挤加热后的空气，占据它的位置，将热空气往上推。而这股冷空气在替代热空气的同时，其自身也被加热，于是也延续了之前热空气的命运，被新的更冷的空气排挤。因此，每一个发热的物体都会在自己上方产生上升的气流。上升的气流会一直存在，直到物体冷却到与周围空气温度相同为止。换言之，每个发热的物体都会产生向上吹的暖风，这种暖风吹向我们做的纸蛇，使它旋转，就像风能使风车的翼片旋转一样。

图 80　为什么灯上方的纸蛇会旋转？

此外，还可以用纸做个蝴蝶来进行这个实验。用纸剪出蝴蝶形状，然后在中间系上细线或长头发，使其悬挂在灯的上方，纸蝴蝶就会像真蝴蝶那样开始翩翩起舞。舞动的纸蝴蝶在天花板上投下自己的影子。不知情的人乍一看还以为是房间里飞进一只巨大的黑蝴蝶而大惊失色。

如果留心观察，我们会发现，其实在我们的生活中到处都能看到空气受热膨胀，暖气流上升的现象。

众所周知，在暖和的房间里，暖空气在棚顶集聚，而冷空气在地面流动。因此，我们往往感到，当房间温度不太高时，脚底下有风。相邻的两个房间，一个冷，一个热，房门稍稍打开，冷空气向下移动，暖空气向上升。如果在门附近放一根点燃的蜡烛，你就能看到冷热气流的运动方向了。要想让暖和的房间一直保持较高温度，你就应当用毯子边或是用废报纸堵住门缝，阻止冷气流进入房间。这样，暖气流既不会被冷气流代替，也不会从房间上方的缝隙处溜走。

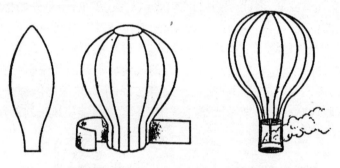

图81　如何用明信片制作一个小气球？白铁盒盖充当吊篮，
在里面放一个浸满酒精的棉絮并点燃火焰，一旦熄灭
立刻将气球放飞（但不能提前放飞，否则会酿成火灾）。

炉灶内或工厂烟囱里的"牵引力"是什么？它不是别的，也是上升的暖气流。纸气球难道不是因为气球内的空气受热，比周围的冷空气轻而在空中飞翔吗？除此之外，我们还可以了解大气中更多的冷暖气流，如信风、季风、微风及其他类似的风，但在这里，我们只详细地讲一点，那就是第一个气球是如何升上天空的。

第一个气球

今天，气球可以升到空中20千米的高度，甚至更高。但是世界上第一个气球升空时，仅仅升到2千米处。然而对于那时的人们来说，从来没有见过这种情景，也没有听说过，因此，上升2千米已经是一个奇观了。第一个气球的制作和升空都是由蒙戈尔菲耶兄弟于1783年完成。现在，让我们来听一听一个目击者的讲述：

　　令人大吃一惊的是，人们在广场上看到一个周长为 35 米的巨大球体，球的底端连接在一个巨大的木制框架上。球体的外壳连同木制框架总重 250 千克，可以装载 630 立方米的气体。气球的发明者宣称，只要使球体充满由他们制作的气体，这个球体就可以升至云端。尽管人们敬重蒙戈尔菲耶兄弟的胆量和智慧，但是对于围观者来说仍然感到不可思议，甚至那些极有教养，很少抱有成见的人对此也是疑虑重重。

　　最终，一切准备就绪，蒙戈尔菲耶兄弟开始进行实验了。他们首先准备充塞用的气体。这个球的球体是由亚麻布糊上纸制成的，它是一个高 11 米的巨大口袋。蒙戈尔菲耶兄弟开始给气球充气，气球在围观者面前不断膨大，最后变成一个很漂亮的气球。人们用手支撑着气球，使其保持直立状态，等待放飞的信号。气球放飞后，迅速升到空中。它迅速地上升到 1 800 米高度，但是在这一高度气球只持续了不超过 10 分钟。然后它一直在 200 米的高空处徘徊，消耗了很多气体之后，气球开始缓慢降落。

图82　1783 年蒙戈尔菲耶兄弟制作的第一个气球升空。

　　毫无疑问，如果气球的装置再牢固一些，它在空中飞行的时间会更长。但是无论如何，第一次实验取得了成功，他们的目的也达到了。蒙戈尔菲耶兄弟由于这个惊世的发明而声名远扬，荣誉永远属于他们。

这次气球升空没有载人。过了几个月，气球再次升空，这次气球搭载了第一批乘客：一只公鸡、一只山羊还有一只小鸭。

我们已经知道，如今，气球中充满的不是暖空气，而是其他气体，它们本身甚至无需加热就比空气轻很多。

在法国气球升空一年后，1784年春，俄罗斯也进行了第一次热气球升空实验。当时的报纸是这样报道的：

"气球在中午12点多分钟开始上升，还没过5分钟，它已经上升了1 000米，它继续上升，2小时30分之后，人们看到气球已经变得非常小了，可以推断，那时它距地面约有3千米的距离了。日落前，7:00左右，它降落在距莫斯科27俄里的卡卢加公路上。"（注：1俄里＝1.066 8千米）

哪种木柴更实惠？

人们都认为最容易燃烧的木柴是白桦木。即使每立方米的白桦木木柴比其他木柴价格贵一些，人们还是乐意购买。这是正确的吗？

毫无疑问，一块白桦木燃烧时散发的热量比同样大小的松树木和山杨木散发的热量多。但是，我们在此比较的只是木柴的大小，如果我们按重量进行比较，结果便大不相同。事实证明，相同重量的木柴散发的热量几乎是一样的。由于白桦树木柴重量明显大于松树、云杉和山杨（在同等干燥程度下），因此，我们认为它比其他树木燃烧得更旺。每立方米的白桦木比其他树木重多少，它燃烧时释放的热量就高多少。如果知道了不同树木每立方米的重量，就不难计算出，每种树木需要花多少钱了。下面是3种木柴每立方米的重量：

白桦·····················500 千克
云杉·····················400 千克
山杨·····················360 千克

白桦木比云杉重20%，因此，购买白桦木时要比云杉多支付20%。所以我们在购买木柴时，首先要考虑价格与重量是否相符，根据这一原则再来决定，买哪一种木柴烧火更实惠。

瓶子里的冰

隆冬季节弄一瓶子冰很难吗？如果天气足够寒冷，这是一件轻而易举的事情。你只需在瓶子里灌满水，放在窗外，剩下的事就交给严寒了。瓶子里的水经过一段时间便冻成冰，这样我们就得到了一瓶冰。

图83 瓶中的水结冰后，瓶子却炸裂了，这是为什么呢？

然而当你做完下面这个实验，你会发现，事情远非那么简单。冰是有了，可瓶子却没了：瓶子被里面的冰挤碎了。原因在于，水冻成冰之后，体积增加了约1/10，而这种膨胀不仅将瓶子崩裂，甚至还能使瓶颈碎裂掉落。瓶颈处的水冻成冰，堵住了瓶口，犹如给瓶子加了一个瓶塞。

水结冰膨胀所产生的力量甚至能将不太厚的金属炸裂。严寒条件下水结成的冰能将5厘米厚的炸弹铁壁胀裂。而在我们日常生活中，自来水管里的水结冰后，水管被胀裂（通常我们称之为冻裂）的事情屡见不鲜。

冰能在水面漂浮而不沉入水底，这种现象也可以用水结冰后体积膨胀来解释。假如水结成冰后体积缩小，那么结成的冰就不会漂在水面，而是沉入水底（想想之前提到的阿基米得原理）。果真如此的话，我们冬天恐怕就没有什么可供娱乐的了。

无 缝 切 冰

你们也许听过，按压在一起的冰块会"冻在一起"。但这并不意味，将它们按压在一起时,它们会冻得更结实。恰恰相反,在用力按压冰块时,冰块反而会融化。然而刚一融化出冷水,就又重新结成冰了(因为此时的温度低于0℃)。当我们按压冰块时,冰块的凸起部分由于相互碰撞,相互挤压,开始融化,并在低于0℃的状态下变成了水。融化的水渗到冰块的间隙中,在那里,这些水没有受到更大的按压,便又冻成了冰。就这样,几个小冰块又形成一个大冰块。

下面,我们来做一个类似的实验。准备一个长条冰块,将冰块的两端架在两个方凳上。用一条长80厘米,粗0.5毫米的细钢丝做个圆圈,套在冰块上。圆圈下端坠上两个电熨斗或是其他重约10千克的物体。在重物的拉动下,细钢丝嵌入冰块缓缓地割穿冰块,但是被割断的冰块并没有塌落到地上。仔细一看,冰块是完整的,像未被切过一样!

图84　强压作用下,冰被切割后仍是整块的冰。

结合前面所讲的知识,你就不难理解这种现象发生的原因了。在被细钢丝切割的过程中,切割面的冰开始融化,但是刚刚融化出的水又凝结成了冰。因此当细钢丝向下切割的时候,上部刚刚切割过的冰又重新冻在一起。

滑冰也能体现我们上述所讲的特点。当滑冰者穿上冰鞋,站在冰上的时候,他的整个身体重量都集中在冰刀上。冰刀下面的冰由于受到来自人体的压力开始融化,于是冰刀就可以在冰上滑动了。当滑冰者从一处滑到另一处时,脚下的冰刀会将所到之处的冰融化。无论滑冰者往哪滑,他总是会将脚下的冰面融化成水,而这些水过了一会就又凝结成了冰。所以,冰刀下面的冰总是被融化的水弄得十分滑,这也正是冰面很滑的真正原因。

水壶为什么会"唱歌"?

水壶里的水在沸腾前总会发出一阵鸣响,这是为什么呢?

靠近壶嘴的水源源不断地变成水蒸气,这些蒸汽在水里形成一些小气泡。由于这些小气泡比水轻,因此它们就被周围的水挤到水面上。一会儿它们又落入不足 100℃ 的水里。气泡里的蒸汽遇冷收缩,气泡的薄壁在周围水的挤压下紧密收缩。这样,在水开始沸腾前,小气泡变得越来越多。大量的小气泡向上升,并且在上升过程中伴着轻微的破裂声,不断地聚拢在一起。因此,无数小气泡破裂所发出的声音,就汇聚成了水沸腾前我们所听到的鸣响声。

当水壶里的水达到沸点时,小气泡停止靠拢,并从水底上升到水面,这时"歌声"停止。然而,当水壶刚一开始变凉,"歌声"便又飘荡起来。

肉眼能看到水蒸气吗?

你也许会很确信地说,你经常看见水蒸气,甚至每天都能看见。其实,就像看不到空气一样,我们是无法看到水蒸气的。原因是,水蒸气(尤其是纯正的水蒸气)是透明无形的。水壶中冒出来的白烟或者蒸汽机车中喷出的白色团状物,这些都不是严格意义上的水蒸气,尽管在日常生活中我们将其称为水蒸气。那是雾,而不是水蒸气。雾和水蒸气有什么区别呢?水蒸气是透明无形的气体。而雾是凝结成细微水滴的汽体,这些细微水滴像悬浮于大气中的尘埃和粉尘,使雾变得不透明,能见度很低。正是由于这个原因,雾呈白色,雪也是白色,任何细小的分散的结晶物质(雪中是冰,雾中是水)都是白色的。

而那些我们在技术中应用的、可以作为能源使用的水蒸气是完全看不见的。但我们仍然想知道它是"饱和状态"还是"过热状态"。如果你想确认这一点,请观察一下锅炉房的水位表,看一看显示蒸汽锅炉内水位的玻璃显示管。你会看到玻璃管内有水,但水面以上的空间却什么也看不到。同时,玻璃管内水的整个上层空间充满了水蒸气,那是温度最高时压缩的水蒸气。它们形成于锅炉房内,并在蒸汽汽缸内工作。如果你能看到蒸汽汽缸的内部,那么你会看到一幅令人惊叹,不可思议的画面:活塞飞速地前后运转,而推动它运转的水蒸气则是整台机器得以运转的动力源泉,而这些肉眼是完全看不到的。

水蒸气的能量

看不见的水蒸气，其内部隐藏着巨大的能量。这种能量不仅存在于蒸汽锅炉内由于强大压力而产生的水蒸气，也包含在水壶沸腾时形成的水蒸气。这巨大的能量来自何处？其实，当我们在炉灶上烧水时，我们自己就能够使水蒸气充满能量，方法是把火的能量传递给水，水再传递给水蒸气。计算一下水的加热和沸腾产生的能量，我们就能了解这其中的奥秘了。

将1千克的水温提高1℃需要消耗一部分热量，热量用"卡路里"来表示。当我们将这部分热量全部转化成机械功时，就会得到一种能量，这种能量足以使一个重1千克的砝码提高到427米的高处。

了解了这一点，就可以准确地计算出，把一杯水加热到沸腾所蕴含的能量是多少。如果水的初始温度是10℃，而现在已经达到100℃，这说明，我们把水加热了90℃，而一杯水重1/4千克。就是说，一杯水的水温每升高1℃需要消耗1/4卡路里的热量，把水加热升温90℃需要消耗22.5卡路里的热量。这些热量转化成机械功后足以将22.5千克的重物提高到427米的高处，或者可以将0.5吨重的重物提升到5层楼高的地方。一杯热水原来蕴含这么大的能量啊！

但是这与水蒸气的巨大能量根本不能相比。原因在于，要想把水变成水蒸气，100℃的温度是不够的。如果茶壶里的水加热到100℃会立刻变成水蒸气，那么我们永远也喝不到热茶，因为茶壶会像炸弹一样顷刻爆炸。幸运的是，这种情况不会发生：水温达到100℃的水会逐渐变成水蒸气，而且还必须在有热能跟进的情况下。这部分附加的热量被称作"汽化潜热"，它完全可以将液态水变成同等温度的水蒸气。潜热的能量是巨大的。如果将1千克100℃的水变成100℃的水蒸气，需要传递给水536卡路里的热量，这比将1千克的水从10℃加热到100℃需要的热量高5倍。这就是为什么水蒸气比同等温度的水蕴藏了大得多的能量了。

再进行一个计算。炉灶上放着一个装有2升水的茶壶，茶壶一直烧着，直到茶壶里所有的水全部烧干变成水蒸气，这需要多少能量呢？2升水重2千克。我们来计算一下热量损耗。

2千克水从10℃加热到100℃ ·················· 180卡路里
100℃的2升水变成水蒸气（536卡路里/1千克）·········· 1 072卡路里
结果 ······························· 1 252卡路里

这些热量转化为机械功，得到427×1 252，大约535 000千克·米。这些能量可以将一座砖房提高到数层楼的高度。

茶杯中的无形力量

一杯茶刚才还是热的,转眼却变凉了。热量从茶杯中散发出来,飘散到四周的空气中。你会不会怀疑有一种无形的力量将茶的热量带走了呢?这种力量是无形的,但是巨大的。我们可以通过简单的计算来展示一下这种巨大的力量。

向杯中倒入大约 1/4 千克的热水,它每冷却 1℃ 就要消耗 1/4 卡路里的热量。热茶从 100℃ 降到 20℃(从沸腾降到室温),即下降 80℃,消耗的热量是 1/4 × 80＝20 卡路里。

如果把这些热量全部转化成机械功,那么 20 卡路里的热量可以完成很多工作。1 卡路里热量转化成机械功可以将 1 千克的重物提升到 427 米的高度,甚至是 430 米。也就是说,从茶杯中散发出的那些热量(20 卡路里)能够将 20 千克的重物提高到 430 米的高处,或者将 8 600 千克的重物提高 1 米。同样大的机械功,锻工要反复劳作 400 次,而 5 吨重的蒸汽锤从一个人身高的地方降落下来才能产生这么大的机械功。

但是,想让热能为我们服务,为人类造福绝非易事。热量转化成机械功很难,人类的高科技发明也仅仅能使热量的一部分(极小一部分)转化成机械功。

巧 用 太 阳 能

在美国的加利福尼亚州旅行时,你会发现很多房屋的屋顶上都装有一个像烟囱似的小盒子,但它并不冒烟。实际上那不是烟筒,而是供居民用来洗衣、洗碗、洗漱的暖水箱。乍一看上去,这些小箱并没有什么特别之处,水箱安在房顶,因为水从高处便于往下流。但奇怪的是,这些水箱并没有加热装置。居民既不用煤炭,也不用木柴来加热,也不用煤油,更不用电来烧水,它们完全依靠太阳光的辐射。人们在屋顶铺上一些水管,暖水箱安放在水管之上。注满水的水管在阳光下晾晒,水温逐渐升高。经阳光加热后的水贮存在暖水箱中。虽然这些水没达到沸腾,水温仅为 40℃—60℃,但这完全可以满足人们的日常生活需要了。

上述事例表明,太阳是直接服务于人类,造福于人类的。其实,千百年来太阳一直在为人类服务——自从人类出现,太阳就被人类所利用。那时太阳几乎是唯一的热源,是我们所有动力的源泉。不要以为机器的运转仅仅依靠煤炭、石油、木柴甚至水力,而没有阳光的参与。煤炭是什么?煤炭是远古时代的植物残渣,而植物可燃成分的形成必须要有阳光的照射。木材或煤炭可以使机器运转,释放出的热量就是太阳能,在这之前太阳能储存在植物中,而现在机器运转时它被释放了出来。人的肌肉活动也是转换了的太阳能,是我们或者我们所食用的动物从植物中汲取的能量。瀑布的水帘可以上升到一定高度也是由于太阳光的作用。

因此,每一个依靠煤运转的发动机实际上都是太阳能发动机。

第五章　声音的世界

音　速

你在远处观察过伐木工人伐树，木匠师傅钉钉子的情景吗？在这个过程中，我们听到的敲击声与我们所看到的他们发出的动作并非同步，敲击声要比动作晚一些。木头已经伐完，钉子已经钉完，我们可能才听见敲击声。

你也可以走近或是离远一些再试几次。试过几次之后，你会找到这样一个合适的地点，在这个地点你听到的声音和看到的动作同步。然后回到原点，再试一次，发现这次声音与动作又不同步了。

你可能已经猜到了产生这种奇异现象的原因。声音从发出地传到你的耳朵里需要一定的时间。有时恰巧当敲击声传到你的耳朵时，工人们正举起锤子，准备击打下一次。于是你将看到，他们举起锤子的动作和敲击声是同步的。你会以为，声音与锤子举起的动作同步，锤子击打到物体时反倒没了声音。但如果你后退或前进一段距离，你可能又赶上声音和锤子击打的动作保持一致了。

声音在空气中传播的速度是每秒多少米呢？通过准确测算，大约是$\frac{1}{3}$千米/秒。声音传播每千米需用时 3 秒钟。如果伐木工人每秒钟挥起两次斧头，那么为了保证听到击打声时正好看到伐木工人举起斧头，你需要站到离伐木工人 160 米远的地方。

声音的传播

不要认为声音只能依靠空气传播，它也能通过其他物质进行传播，如气体、液体甚至是固体。声音在水中的传播速度比在空气中快 4 倍多。

如果你不相信声音能依靠水来传播，你可以详细地询问那些长期在水下作业的人们，他们会向你证明，在水下的确能够很清楚地听到岸上的声音。渔民也会告诉你，只要岸上有一点杂音，鱼群就会四散游走。

科学家们早在 200 多年前就已经准确地测出声音在水下的传播速度。这一实验在瑞士的日内瓦湖进行。两名物理学家各坐在一条船上，彼此相距 1 千米，从一条船头上向水中放入一座钟，钟上有一个带长手柄的锤子用于敲击。手柄与固定在船头的臼炮内部的火药点火装置相连，钟被敲响的同时火药被引燃，耀眼的火光能够照射到很远的地方。坐在另一条船上的物理学家通过放置在水下的管子能够听见管内的钟声，也能看到迸发出的火光。从火药爆炸那一瞬间到声音传到船上的物理学家的耳朵里，中间有一个时间间隔，根据这一时滞可以计算出声音在水中从一条船传到另一条船所需的时间。试验表明，声音在水中的传播速度约为 1 440 米/秒。

声音在弹性固体物质上的传播效果更好、速度更快。如生铁、树木、骨头等。把耳朵贴在枕木或圆木的一端，请用小木棒敲击这些物体的另一端，你就能听见回音很响的敲击声。如果周围环境足够安静，没有杂音干扰，那么你甚至能够透过枕木清晰地听到枕木另一端钟表的"滴答"声。

声音也能通过铁轨、长木、管子和土壤进行有效的传播。把耳朵贴近地面，可以听到马蹄的"踏踏"声，马蹄声在地下传出的声音要快于在地面上的传播速度。枪声也可以穿越土层被人耳所听见，同样的枪声在空气中是完全听不到的。因此，我们说弹性固体物质可以很好地传播声音。一些柔软的布匹，一些缺乏弹性的物质则不能很好地用于声音的传播，它们会将声音吸收湮没。这就是为什么要在门上挂那种厚厚的布帘，目的是为了隔音。毯子、软皮家具、衣服的隔音原理也是如此。

耳边的钟声

之前在讲述哪些材料传播声音更快时，我们曾经提到过骨骼。你们是否相信自己的头骨是传播声音的好材料呢？

用牙叼起怀表上部的小圆环，并用双手捂住耳朵，你会清楚地听到摆轮有节奏的摆动声，这种摆动声明显比通过空气传播的指针旋转的"滴答"声大，因为摆轮发出的声音是经过头骨传到耳朵里的。

下面这个有趣的实验同样揭示了声音在头骨中能较好地传播这样一个道理。

将一个汤匙绑在一根绳子的中间,提起绳子的两端,并将两端分别堵住两只耳朵,然后向前晃动身子使汤匙自由摆动,接着将汤匙撞向某个坚硬的物体。这时,你会听到一阵低沉的声音,感觉就像是耳边响起了钟声。

声音的力量

声音是如何随着距离的增加而逐渐减弱的? 物理学家给你的回答是:"声音减弱的量与距离的平方成反比。"也就是说要想使在 3 倍距离的位置上放置的钟声听起来像在原距离上的钟声同样响亮,需要同时敲响 9 座钟;4 倍距离则需要同时敲响 16 座钟。

现在你就明白了,为什么邻座的低语声会严重地影响我们收听远处舞台上报告人的演讲。假设报告人距离你 15 米远,而邻座的头距离你的耳朵仅有 30 厘米,报告人声音传到你这的距离是邻座的 1 500∶30,即 50 倍远。这就意味着,即使耳语是 50×50,即 2 500 倍弱于报告人的声音,对于你来说耳语的声音依旧很大。

课堂上的声音也是这个道理,学生之间不要闲谈,当老师讲课时保持教室绝对安静是非常重要的。说话人妨碍的不是老师,而是邻座,因为他们的交谈声会湮没老师讲课的声音。

谁的声音更大?

如果你已经清楚地知道了声音减弱的规则,那么请回答一个问题,哪组婴儿的叫喊声会令站在他们中间的人头脑发胀:是距离人们 2 米远的 2 个婴儿还是 3 米远的 3 个婴儿?

正确的答案是 2 个婴儿的那一组。原因是在 1 米处的声音的亮度要比两米处强 4 倍。因此,2 个婴儿 2 米远处的声音以在 1 米远的 1 个婴儿的叫喊声弱 1 倍的程度传到听者耳朵里。3 米远处的声音是 1 米远处声音亮度的 1/9,来自 3 个婴儿那一组的声音应当是 3/9,或者说是 1 米远一个婴儿叫喊声的 1/3。这意味着 2 个人的叫喊声是 3 个人叫喊声的 1.5 倍。

$$\frac{1}{2} : \frac{1}{3} = 1\frac{1}{2}$$

回　声

我们发出的声音在遇到墙壁或其他障碍物时会反射回来,重新回到我们的耳朵里,这就是回声。只有当原声与反射声间隔一段时间时,我们才能清楚地听到回声。否则,反射声会与原声混合在一起,只能使原声更大。在空旷的大房子里可以听到回声。

想象一下,你站在一个开阔地方,你前方 33 米处有一个小屋。你拍一下手,声音会传到 33 米外,遇到小屋墙壁后反射,向回传播。请问这个过程需要多长时间?因为声音去与回都传播了 33 米,一共是 66 米,那么声音返回需要的时间为 66 : 330,即 1/5 秒。这种声音的发出和回声,其过程如此之短,还没到 1/5 秒就停止了,即在回声到来之前。两个声音并不混杂,我们是分开听到的。发出一个单音节的词我们大约用 1/5 秒的时间,因此单音节词的回声我们在距障碍物 33 米远时可以听到。然而同样的距离,如果是双音节的词,就会与原声混杂在一起,使原声增大并听不清楚,因此,我们不会单独地听见原声和回声。

为了清晰地听到双音节词的回声,需要在合适的距离安置一个障碍物,这个"合适的距离"是多远呢? 发出一个双音节词需要持续 1/5 秒,在这段时间里,声音必须到达障碍物,如果还需返回,则是双倍的距离,用时应是 2/5 秒。在 2/5 秒声音传过的距离是 $330 \times 2/5 \approx 132$ 米。

这个距离的一半——66 米即是双音节词产生回声的最小距离。

现在,你自己大概能够计算出,为了听到三音节词的回声,障碍物应当设在 100 米远的地方。

第六章　光与眼

可 怕 的 影 子

一天晚上,哥哥走过来问我:"想不想看一些奇特的东西? 如果想,我们就到隔壁房间去。"

隔壁房间一片漆黑,哥哥拿了一根蜡烛。我很勇敢,走在哥哥前面。我推开门,第一个走了进去,结果吓了一跳:墙上出现一个可怕的怪物。那个怪物像个暗影似的贴在墙上,眼睛直勾勾地盯着我。

说实话,我当时真是惊恐万分。要不是哥哥跟在后面,我早就吓得跑掉了。

我回头一看,明白了是怎么一回事。原来墙上的镜子整个被一张剪有眼睛、鼻子、嘴的大纸盖住了,哥哥点上蜡烛,拿到镜子前,于是镜子上纸的图案恰好映射在我自己的影子上。

了解了这些之后,我羞愧不已,原来我是被影子吓着了。在这之后,我偶尔用同样的方式吓唬我的小伙伴。在游戏中我渐渐明白,在镜子上布置所需的形象并不是件容易的事。在掌握这些技巧之前,需要进行多次练习。而通过镜子反射光线要遵循一些定律:射入的光线与镜子所成的角度应该等于镜子与反射出的光线形成的角度,即入射角等于反射角。知道了这个定律后,我很轻松地冲着镜子摆放蜡烛,以便使光点正好落在影子需要的地方。

测量光亮度

当距离远一倍时,蜡烛发出的光会变弱,这一点毫无疑问。但是亮度会减少多少呢? 是减少 1/2 吗? 不对,如果当距离远一倍时,放两根蜡烛,是不会达到原来的亮度的。想要达到原来的亮度,放两根蜡烛并不够,而是 2 乘以 2——4 根蜡烛。

但当距离远 3 倍时，3 根蜡烛不行，应是 3 乘以 3，即 9 根蜡烛，以此类推。这表明，当距离为 2 倍的时候，则发光强度减小 4 倍；3 倍距离时，减少 9 倍；4 倍距离时，减少 $4 \times 4 = 16$ 倍；5 倍距离时，减少 $5 \times 5 = 25$ 倍，以此类推。这就是发光强度随距离增大而减弱的定律。同时，我们也注意到了声音减弱的定律：如果声音传播的距离扩大 6 倍，则声音减小 36 倍。

了解了这个定律之后，我们可以用它来进行两个光源的亮度比较。你一定很想知道灯光的亮度是烛光亮度的多少倍，换言之，就是确定，多少根蜡烛能够替代同样亮度的灯。

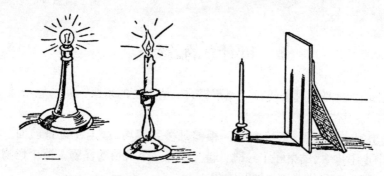

图 85　第一个测量光亮度的方法

先将灯和蜡烛放在桌子的同一端，然后在另一端垂直放一张白纸。在白纸前方不远处立一根木棍或是一根铅笔。木棍在纸上投下两个影子：一个是灯照射产生的，另一个是蜡烛照射形成。但是，两个影子颜色的深浅度是有明显区别的：一个来自明亮的灯光，另一个来自暗淡的烛光。将蜡烛向前拉近一些，你会发现，两个影子深浅一致了，这就意味着，在这个距离上灯和蜡烛的亮度刚好相等。然而，灯与纸的距离比蜡烛与纸的距离要远。接着我们需要测量它们之间的距离，这样我们就能确定灯的亮度是蜡烛亮度的多少倍了。假如灯到白纸的距离是蜡烛的 3

图 86　第二个测量光亮度的方法

倍,那么灯的亮度就是蜡烛亮度的 3×3 倍,即 9 倍。如果你回忆一下刚刚介绍过的发光强度减弱定律,就会明白为什么这么计算了。

我们还可以利用纸上的油点来比较两个光源的亮度。如果从纸的背面照射油点,油点会很亮。如果在纸的正面照射油点,油点则显得昏暗。可以将两个光源分别放在油点的正反两面,通过调整两个光源与油点的距离,来使油点被两面的光源照射后的亮度相同。然后,只需分别测量两面光源距油点的距离,并根据我们之前学过的知识,就能得出最后结果。为了能同时比较两面油点的亮度,最好将沾有油点的纸放在镜子前,这样就能直接看到背面油点的情况了。具体采取哪种方法,你自己决定。

影　像　颠　倒

如果你的家里有一个朝阳面的房间,这个房间正好可以充当一下物理装置,这种装置在拉丁语里被称为"暗箱"。首先,我们需要用一个糊上深色纸的胶合板将窗户遮盖住,并在上面钻一个小洞。

选一个晴天,将房间里的门窗都关上,使房间变得黑暗,然后在小洞对面一段距离的地方放一大张纸或是一个床单,这就是我们的"银幕"。这时,"银幕"上立刻会出现透过小孔映射进来的缩小的窗外景物:房子、树木、动物以及行人,只不过这些景物都是倒过来的,即房子是房顶朝下,人是头朝下。

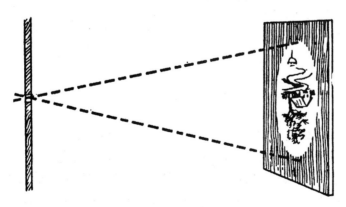

图 87

你一定会感到好奇,这个实验究竟能证明什么?它证明了光是沿直线传播的:来自物体上部和下部的光线,在小孔中交叉后,继续向前传播,因此,来自物体上部的光线就落到了屏幕下部,而下部的光线则来到了上部。假如光线不是沿直线传播，而是沿斜线或是折线传播的话，则会出现另一种景象。

需要指出的是，孔的大小和形状并不会影响所获得的图像大小。无论把小孔钻成什么形状：圆形、正方形、三角形或是六边形，在屏幕上形成的影像都是一样的。你是否看到在茂盛的大树下，地面会显现一些椭圆形的亮圈？这些亮圈不是别的，而是阳光透过树木枝叶的缝隙留下的影像。它们之所以呈椭圆形，因为太阳本身是圆的，又由于阳光倾斜着照射在大地上，所以，这些亮圈被拉长。取一张白纸，当白纸与太阳光线成直角的时候，白纸上会留下一个标准的圆形亮点。在出现日全食的时候，当月球不断接近太阳，太阳一点点被遮蔽变成镰刀状时，树下的圆形亮点就变成了小镰刀形状。

摄影师为拍照而使用的装置正是暗箱，只不过他在小孔里放上了镜头，这样可以获得更加清晰的影像。同时，他在箱室后面的壁上安装了一面磨砂玻璃，并在这块玻璃上呈现出上下颠倒的影像。为了避免周围多余的光妨碍成像效果，摄影师用一块深色的布将暗箱盖住，并将头伸到布里观察暗箱里的情况并进行拍照。

了解了这些原理之后，我们可以自己动手尝试制作照相机。准备一个长一些的封闭箱子，在其中一个壁板上弄一个小孔，然后将小孔对面的整面壁板拆卸下来，并在壁板的位置用一张涂了油的纸来充当磨砂玻璃。把箱子放到暗房里，并把箱子上的小孔紧贴在窗户上，这时，正如之前所介绍的那样，在后面的油纸上会看到外面清晰的影像。

这种相机用起来很便利，而且并非一定要在暗房里使用，也可以带到户外或其他你想带到的地方。你需要做的就是用布蒙住照相机和头部，以防止周围多余的光干扰成像效果。

倒立的大头针

我们已经讨论了暗箱并了解了它的工作原理。现在我要告诉你们一件你意想不到事情，其实我们每个人每天都携带着一对暗箱，这就是我们的眼睛。在我们的眼睛里有一种被称为瞳孔的部位，它并不是一个普通的黑圆圈，而是在眼睛内部起重要作用的圆孔。瞳孔外面覆盖着一层透明的薄膜，而薄膜下面长有一层透明的凝胶状物质。瞳孔后面紧邻着的是透明的呈双凸透镜状的晶状体，从晶状体往后，直到后面薄膜的整个内部，都被透明的物质填充，后面的这层薄膜正是用来呈现所看到的外部事物的影像。图中描述的正是我们眼睛内部的剖面图。不过这并不妨碍眼睛作为一种特殊的暗箱存在，只不过是更加完善了。在眼底的成像是很小的，比如,距我们 20 米远有一个高 8 米的电线杆,而这在我们眼中生成的图像却只有半厘米长,如同极细的破折号那么大。

最有趣的是,虽然眼睛和暗箱一样,所形成的影像是倒置的,但是我们所看到的东西却都是正立的。这是因为我们的大脑长期养成一个习惯:我们习惯于在用眼睛看东西时,把每一个获得的视觉形象都看成是自然正立的。

我们可以通过实验来证明这一点。在这个实验中,我们将设法在眼底得到正立的图像,而非倒立的影像。因为我们已经习惯倒置的视觉形象,所以,如果我们将这个形象倒置,这就意味着,在这种状况下我们看到的并非倒立的图像,而是正立的图像了。下面的这个实验更直观地揭示了这一点。

用大头针在明信片上扎一个小孔,然后将明信片对着窗户或电灯,并使右眼与明信片的距离保持在大约 10 厘米。接着,举起一根大头针放在明信片前面,务必使大头针的顶部对着明信片上的小孔。之后,你会看到,大头针似乎是被转移到了小孔的背后。更不可思议的是,它居然处于倒置的状态。

这种情况发生的原因是,在上述条件下,大头针在眼底的成像不是倒立的,而是正立的。明信片上的小孔起到光源的作用,用来投下大头针的影子。大头针的影子投在我们的瞳孔上,但影像还不是倒着的,因为距离瞳孔太近。而在后面的薄膜上会呈现一个亮圆儿,即明信片上的小孔的影像。在亮圆上可以看到大头针的深色轮廓,这是大头针正立的影子。我们通过明信片上的小孔看见后面的大头针(因为看到的只是处在小孔内的那部分大头针)。此外,之所以会看见大头针处于倒立状态,是因为按照我们的习惯,我们的大脑总是本能地将所有接收到的影像倒置过来。

视 觉 之 谜

你已经知道眼睛的构造与照相机的暗箱类似,并且一切都是在暗箱半透明的玻璃上呈现出倒立的影像。

你也知道为什么我们看周围的物体并非是颠倒的,而是正立的。从小我们就应当训练自己调整物体在眼中的成像方向。

而当孩子还没有养成这种习惯时,情形就完全不同了。从右边向他伸出去的手,他看到的是离左手更近些。一瓶从上面倒空的牛奶,他会认为这瓶牛奶是从下面向上抬起来的。因此,当婴儿还没有学会如何将所看到的东西放到其真实的位置时,婴儿总是无助地挥着手。

美国一位科学家做了一个有趣的试验。他自制了一个能将所有图像都颠倒过来的眼镜，并一直戴着它。最初一段时间他认为整个世界都是反的。他不敢迈步，怕遭遇不测。慢慢地他适应了这种观察方法，于是他自信地走着，并最终透过自己这副奇怪的眼镜看到了和我们一样的世界。但最令人惊奇的是，当他摘下眼镜时，在他眼里世界却是颠倒的，他只好重新适应——这就是习惯的力量。

早期的望远镜

最初用于天空观测的望远镜是由伽利略在 1609 年设计出来的。这个发明令他极为满意：借助这个望远镜成功地观测到天空，并记录下有关天空的一些故事。

下面是他讲述中的部分节选：

在这篇小文章里我为每一个研究自然的人提供一些用于研究和思考的伟大东西。之所以说是"伟大"，源于这个物体的重要性，它的创新性，这种创新的设备一个世纪以来都不曾见过。还源于这是一种工具，借助这个工具，我们的眼睛可以观测到许多以前观测不到的东西。当然，伟大的事情是指了解到无数新的、在此之前无法看到的恒星的存在，它们在数量上远远超出我们之前用肉眼能够观测到的恒星。观赏距我们约有 60 个地球半径远的月亮时，我们感觉它仿佛距离我们只有 2 个地球半径。在这样近的距离看月球，你会看得清清楚楚，它并不是光滑平整，而是凹凸不平，像地球表面一样，高山深谷和断壁悬崖，各种地貌一应俱全。停止一切有关银河的争论，我认为应该细心观察，这样就会发现其真正的组成并非那么简单。我会告诉你关于 4 颗移动的行星的发现，这些行星在此前还无人观测到。这些天体在一定时间里围绕一个行星旋转，就像金星和水星围绕太阳旋转一样。几天前我借助这个自制的工具发现了这一切。

在那之前的 10 个月，有传言说，一个荷兰人制造了一个观测工具，借助这个工具来观察，远距离的物体好像被拉近了，并且看得一清二楚。经过多次试验，一部分人相信这个观测工具性能可靠，而另一些人则持相反观点。这个装置却让我异常兴奋，我把自己所有的努力都倾注在寻找科学原理及方法上，依据科学原理制造类似的工具，找到我们期望找到的东西。

首先我制作了一个铅制望远镜，在其两端分别安装了玻璃镜片，其中一个为扁平凸起形状，另一个是扁平凹陷形状。然后将眼睛靠近凹形镜片，发现望远镜里的物体都变大拉近了，所有物体好像都近了 3 倍。可见，物体比我们用肉眼观测它们时放大了 9 倍。之后我又设计了一个更加完美的能将远处物体放大 60 倍的望远镜。最终，经过不懈努力我花费大量资金设计出了能将物体放大 1 000 倍的望远镜，它可以将物体拉近 30 倍。至于这种装置在陆地，在海洋给人们带来多大好处，那就无需赘述了。不过，先不说陆地上的物体，我用自制的工具对准天空，首先看到了离我只有两个地球半径远的月亮。随后我又多次欣喜地观测到行星和恒星。

通过望远镜观测到的行星和恒星的外在差别应当引起关注。行星是小的圆球，它有清晰的轮廓，像小月亮一样；恒星没有固定的轮廓，经常会被像跳动的闪电般的光线所包围。望远镜只会扩大其亮度，因此体积为天狼星 1/5、1/6 的恒星在亮度上却可与恒星中最亮的天狼星相媲美。正因为有了望远镜，我们揭开了迄今为止肉眼无法发现的庞大的天体群。

第三个吸引我们注意力的东西是银河。利用望远镜观测银河，银河的构成一览无余。现在可以认为，折磨哲学家们几个世纪的问题已经得到解决。银河不是别的，而是集聚了无数星体的一个聚合物。如果将望远镜停留在银河的某一个位置，那么呈现在我们眼前的是数量庞大的星体。许多星体相当庞大，在望远镜中清晰可见。伴随它们的是无数的小星体。

还有一点，我认为也很主要，就是发现和观测到 4 颗行星，这几颗行星从创世论开始到现在从未被人们观测到。1610 年 1 月 7 号，深夜 12 点多，我在观测天体时，在木星周围看到了 3 个未被观察到的发光的小星体。我以为这些光点是恒星。8 天之后，当我再次把望远镜对准木星时，我发现，那些星体的分布已经明显改变了。我焦急地等到第二天夜里，但这一夜天空却是阴云密布。第十天我又看到了那些星体（接着，伽利略描述了这些星体新的位置和自己的最新观测结果，他一共发现了 4 个星体）。

因此我果断地宣布，围绕木星周围旋转的有 4 个天体，就像金星或水星围绕太阳旋转一样。

暗　影

在这里为你呈现一幅奇异的普希金肖像画。在这幅肖像画上本应浅色的地方却用暗影表现出来，而暗影部分却是白色。

不能说这样看起来很好看。你会更喜欢色彩明暗分明的自然图片。你的愿望不难实现。

图 88　奇异的普希金肖像画

　　现在看肖像,你要把目光盯住肖像上的某一点。与此同时数大约 80 个数,然后迅速将目光转移到天花板或墙壁,你会在瞬间看到最真实的放大版的肖像,其色彩明暗分布完全正常,也就是说与上述肖像画的色彩安排正好相反(图 88、图 89)。

　　这一有趣现象产生的原因是覆盖我们眼睛后壁并接收物体图像的那层膜对颜色产生疲倦感。但是膜的深处,即图像暗影能够到达的那部分并未疲倦。当我们看完一幅肖像画,将目光移到浅色的墙面时,之前接收到暗色的那部分眼底膜不接收任何色彩,它们处于闲置状态。而未疲劳的眼底膜此时很好地接

图 89　另一幅奇异的肖像画

收了白色表面。正因为如此,当你的眼睛还未疲劳时,你会看到之前的那种肖像。只不过黑白分布正好相反。

如果你有彩色铅笔或者颜料,你可以做一个更有趣的试验。比如你可以随便画一个蓝色的小人。像上文中我们所讲的那样,仔细盯着它,然后迅速把目光移到天花板上。你会看到,那个小人已经不是蓝色的,而是黄色的了。

用 冰 引 燃

小时候我很喜欢看哥哥用放大镜来点烟。把放大镜放到阳光下,将放大镜明亮的光点处对准烟头,烟头就会冒出一缕青烟,烟被点着了。

有一个冬天,哥哥对我说,"你知道吗,冰也可以用来点烟。"

"冰?"我很惊讶。

"当然,点燃烟的不是冰本身,而是太阳,但是冰可以聚集光线,就像这面镜子。"

"你想做一个可以点燃烟的冰镜吗?"

"用冰做镜子我做不了,当然也没人能做,但用冰做一个引燃的透镜,这个倒是可以。"

"什么是透镜?"

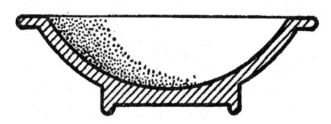

图 90 用来做冰透镜的盆

"我们把冰做成和这个镜子相同的形状,就能形成一个透镜:圆的,凸起的,中间厚边缘薄的冰透镜。"

"能点燃吗?"

"能。"

"可它是凉的啊!"

"这没什么,想试试吗?"

哥哥吩咐我拿来一个脸盆。我拿了一个,但哥哥觉得这盆不合格。

"不行,底儿太平,要那种带弧度底儿的脸盆。"我又找来一个,哥哥认为这个盆可以,于是他开始往里面倒水,然后将其放到寒冷的地方。

"让它冻透,那时我们的冰透镜就能做成了,这种透镜一面是平的,另一面是凸形的。"

"这么大?"

"面积越大,效果越好,凸点上所聚集的光线就越充足。"

第二天一早我跑过去看我们的试验成果,盆里的水冻实了。

"多么漂亮的透镜啊!"哥哥说着,还不时用手指敲几下冰。"现在我们把它从盆里倒出来。"

哥哥把结冰的盆放到另一个热水盆里,冰很快和盆分开了。我们把带冰的盆拿到院子里,把冰透镜取出放到一个木板上。

"多好的天气啊!"哥哥眯起眼睛看着太阳说道。"最适合引燃的天气。你去拿根烟!"

哥哥把透镜放在院子的长凳上,让它斜倚在椅背上。他比量了好久,最终使透镜上的亮点对准烟头。当亮点照射到我手上时,我感到这个光点很热。这时我对冰能够点燃香烟已经深信不疑了。

当亮圈遮住烟头并保持几分钟不动时,烟头冒出一小股青烟,烟被点着了。

"看,我们是用冰点的烟。"哥哥嘴里叼着烟说道。"甚至在极地也能点燃篝火,不用火柴,只要有木柴就行。"

3 个 纽 扣

把 3 个同样大小的纽扣或硬币并排摆放。乍一看,这件事情很容易,但是接下来就难了。试题如下:把中间的纽扣(硬币)向下移动,使之与其余两个纽扣(硬币)的间距等于那两个纽扣外侧边缘之间的距离。

你应该用目测的方法来解决这个问题,而不是求助于圆规和纸。我们不要求你准确无误,如果失误控制在 1 厘米之内,我们就可以认为任务按要求完成了。

你的摆放方法有可能与图 91 相似。这种方法看起来好像完全符合要求。但用纸和圆规测量一下距离。结果,你的误差比所要求的误差大 1.5 倍。

图 92 展示的是正确的排列方法,尽管与目测似乎不完全相符。

所用物品的圆圈越大,错视效果越明显。如果你拿不同大小的圆形物品来做试验,比如用不同面值的钱币,实验也会很成功。

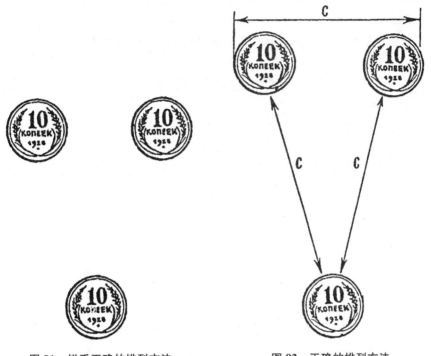

图 91　似乎正确的排列方法　　　图 92　正确的排列方法

四　边　形

很难相信图 93 中的四边形是正方形，因为它们一个是凹进的，另一个是凸起的。

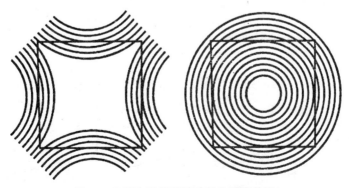

图 93　这两个四边形的四条边是直的吗？

直观上看是这样。但是你的判断是错的,这两个四边形都是几何图形上正规的正方形。

错视的原因是这些图形被画在了由若干线条组成的底版上。

哪条线段更长?

请看图 94。在这个图里面画了两条平行线——*ab* 和 *cd*。如果问你哪条线段更长,你会毫不犹豫地回答,是第一条线段(*ab*)。但你用尺测量一下就会发现,其实它们的长度相等!出现这一错觉的原因是周围的背景。第一条线段表示房间的高度,第二条线段代表柜子的高度。由于柜子明显要比房间低,于是我们误认为线段 *cd* 比线段 *ab* 短。

图 94

图 95 也是同一性质的错视情况。左边的图形看起来比右边的图形大一些。

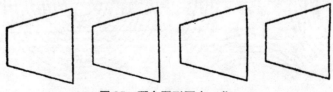

图 95　哪个图形更大一些?

你将这两个图形复制一下并将右边图形放到左边,你认为,这个图形会小一些。结果,右边的图形放到左边之后也显得大一些。事实上这几个图形大小一样,丝毫不差,问题在于错视产生的误差。

舞台上的错视现象

魔术师们经常利用错视在舞台上表演自己的精彩节目。有一次我见证了魔术师与"幽灵"决斗的场景。

我和朋友们一起走进大厅,我们坐下之后开始向舞台上看。突然在魔术师旁边,不知从哪儿冒出一个透明的移动人影。魔术师迅速抽出长剑勇敢地刺向那个影子。但无论他刺多少次,影子却毫不还手,长剑劈开影子,而影子却不留一丝痕迹。魔术师甚至几次穿过影子,就像在空气中穿行一样。

其实根本不存在什么透明的影子。魔术的奥秘是在观众和舞台之间倾斜着放置一块大玻璃,玻璃异常干净光滑。当我们向舞台看去时,很难发现,因为它像空气一样透明。在舞台下面观众看不到的地方由穿着白色袍子的魔术师助理来回移动。那个投射出的影子反映在玻璃上,就像出现在镜子里,只不过不是那么清晰罢了。观众误认为影子好像就在舞台上。长剑既无法刺伤也不能劈开那个影子。这里还有一个环节。魔术师命令"幽灵"递给他一个凳子——空气中立即就慢慢递了过来。无论魔术师需要什么,那个"幽灵"都会满足,然后按魔术师的要求随时消失。

这其中的奥秘在于舞台的后墙被一个黑色的物体罩住,魔术师助理也是一袭黑衣,站在观众完全看不见的地方。他递出去魔术师想要的东西,当要求这些东西消失时,他会用黑色材料罩住它们。在黑色背景下所有这一切对于观众来说都是真假难辨的。

小 球 向 上 滚

你可以用镜子给你的同事表演一个令他惊奇的小游戏:小球沿着陡峭的斜面向上滚动,就像没有重力一样。当然,这是视力错觉。

你需要在纸箱中看这个表演,如图 96 所示,在纸箱的前端开一个大口——把上半部分完全裁下。在开口下端水平方向定置一个隔板。在箱子下半部观众看不到的地方倾斜地放置一个带有弯曲沟槽的木板。木板应被反射到镜子上。镜子放在木板上端,以便使观众能在舞台侧幕看到它。当你在后面沿倾斜的木板向下滚

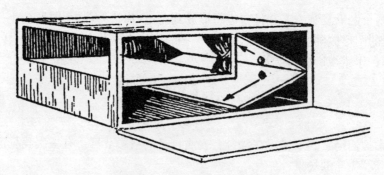

图96　小球好像在向上滚动

落小球时,观众看到的就是小球向上滚动的画面。

为了让表演更精彩,你可以在木板上挖几个小孔,安几个小灯,同时可以沿几个沟槽同时滑落多个不同色彩的小球。

大自然中的错视现象

在大自然中,有一些自然形成的错视现象。比如,不少旅行家在酷热的沙漠中看见的海市蜃楼。

下面是对非洲沙漠中海市蜃楼情景的描写:

早晨和傍晚,大地一切如常。在你和最近的村落间你看到的只有大地。但是,

图97

当土壤吸收了足够的光热,天也完全变黑时,远方大地好像被笼罩在一层水汽中。村落好像处在一条宽阔的湖泊中间,被群岛环绕。每一个村落都是颠倒过来的,雾气蒙蒙的映像,好像你眼前反射出的是水面上的场景。当你向村落走去时,虚幻的河岸向后退去。那个好像将你与村落隔绝开的河湾就会越来越小,最后完全消散。但与此同时,类似的景象又在更远处再现。

这条河就是错视的结果:灼热的沙漠上方焦灼的空气像镜子一样反射着光线,正因为如此,大地在远处好像与河湾交融在一起,物体在河湾中被反射出来。还有另一类海市蜃楼,远方的物体(比如海面上的船只)好像不是被底层大气反射出来,而是高层大气。那时在船只上方的天空中,我们会看到它们颠倒的影像。还有一次,人们甚至在天空中看到远方船只的两个反射影像:一个是正立着的影像,另一个则是颠倒过来的。

第七章　电的实验

带电木梳

尽管你对电学一无所知，甚至连最基本的电学符号也不知道，这也没有关系，接下来做的一些电学实验会让你认识大自然中这种神奇的力量。

冬季、暖的房间是进行这种实验最好的时间和地点，因为这种实验在空气干燥的环境中更容易成功。冬季里温暖的房间比夏天同样温度下的房间更干燥，因此更有利于实验的进行。

在实验开始之前，用木梳在干燥的头发上来回摩擦。在干燥暖和的房间里，如果房间里足够安静，当你用木梳梳头时，你会听到轻微的"噼啪"声。这是因为木梳在与头发摩擦后带了电。

木梳不仅能与头发摩擦起电，与毛织品摩擦时，一般也会带电，这种带电的属性表现在方方面面。第一个方面表现在它能够吸引一些轻盈的物体。当摩擦过的木梳分别接近小碎纸片、谷壳、圆珠笔笔珠等轻盈物体时，这些物体会立刻蹦起来，粘在木梳上。接着用纸折一些小船，将小船放入水中，借助于带电的木梳，你就可以操控这些水上的纸船了，此时，木梳真像是一个有魔力的指挥棒。

还可以将实验做得更加神奇。在高脚杯上放一个鸡蛋，在鸡蛋上面放一把长直尺，并让直尺保持平衡状态。当带电的木梳接近直尺的一端时，直尺会开始迅速旋转。

电的相互作用

我们在力学中曾经学过单方面的吸引力。确切地说，单方面力的作用是不存在的，因为力的作用是相互的。这意味着，带电的小棍在吸引其他物体时，其本身也被其他物体所吸引。为了证明这种相互吸引力的存在，我们可以设法让带电的木梳或小棍运动起来，比如，可以用细线（最好是丝线）将这些物体悬挂起来。这时你会看到，我们用手就可以吸引一切悬挂着的带电物体，并使其旋转起来。我们所讲的这些都是大自然的普遍规律，而这些规律从始至终存在于我们生活中。力是物体对物体的相互作用，所以力是成对出现的。有力就有施力物体和受力物体。一个物体，既是施力物体同时也必然是受力物体，两物体的作用是相互的，施加力的同时也受到力，这两个力就是作用力与反作用力。一个物体对另一个物体施加作用力，而另一个物体对这个物体不施加反作用力，这种力是不存在的。

相 互 排 斥

两个带电物体之间相互作用的形式是不同的。当你将带电的玻璃棒接近带电的木梳时，它们会相会吸引，但如果将火漆棒或是另一把木梳靠近这把木梳的话，便会出现相互排斥的现象。

这些现象可以用物理定律概括为异种电荷相互吸引，同种电荷相互排斥。

电的检测装置——验电器——正是基于这种原理制造的。

你可以自己动手制作一台简易验电器。准备一个瓶子和能堵住瓶口的木塞，没有木塞也可以用圆纸板（大小能盖住瓶口）。然后用一根细铁棍穿过木塞或圆纸板的中心，并且使细棍露出一部分。接下来，在细铁棍底部粘两条金属箔片。然后，将木塞插入瓶口或把圆纸板盖在瓶口，并在瓶口边缘涂一些蜡。这样，简易验电器就做好了。当把带电的物体拿到露出的铁杆跟前时，电就传到了下面的两条金属箔片那里。两条金属箔片同时带电，又由于带了同种电，导致相互排斥，所以两条金属箔片就分散开了。金属箔片发生排斥现象就意味着，接触到验电器上细铁棍的物体带电。

我们还可以把验电器做得更简单一些。虽然下面这台验电器不那么敏感，但是却很实用。

将用细线拴着的两个木芯小球悬挂在木棒上，两个小球要彼此紧靠，这样就做成了一个简单验电器。将待检测的物体接触其中的一个小球，如果此物体带电，那么另一个小球将偏离过去，向另一侧飞去。

带 电 的 小 猫

伟大的电学家、美国著名的发明家爱迪生童年时就开始做电的实验。他尝试着用电做实验,而电是从哪里获得的? 你可能想象不到,是从猫身上!

难道从猫身上可以获得电吗? 这听上去令人难以置信,但确实是真的,现在我就给你展示一下,看一看猫是怎样带电的。做法是将一只温顺的、毛皮干净的猫变成"带电机器"。做这类实验合适的时间是冬季干燥的白天。合适的地点是温暖的房间。当猫在火炉旁取暖并且它的毛皮完全干燥时,把它放到左手臂上,用掌心托住它的前胸。这种托抱动作让猫感到很舒服,爱猫的人一般都这样去抱,建议你也这样。左臂抱住猫,用右手干燥的掌心快速地从头到尾抚摸它的毛皮。你会觉得抚摸猫的那只手和托住猫的那只手都有轻微的刺痛感,同时用于抚摸的手的下方传来细碎的"啪啪"声。

如果在黑暗中,你会看到,猫的皮毛随着手掌的抚摸好像突然亮起了小火星。

这就是放电现象。猫的毛皮由于被干燥的手掌摩擦而产生了电。这时的电分为两种:一种是猫的皮毛产生的,另一种在托抱的手臂上。电从毛皮传向手臂。你的两条手臂都带有不同的电荷,电通过你的身体和猫的身体,同时引起非常明显的电击效果。

轻微的刺痛感、细碎"啪啪"声、小火星出现这些现象的原因正在于此。

我曾对我家的猫做了多次实验,发现猫对此并不反感。看来,这种实验并没有引起猫的特别恐惧。但是猫对于实验来讲并不完全合适,因为它的爪子太好动了。

手指上的火花

哥哥将一张报纸在壁炉上展开,然后用刷子在报纸上来回磨刷。

"快看!"哥哥边说边将双手从壁炉上拿开。

我想报纸肯定会滑落到地上,可事实却恰恰相反:报纸竟诡异地留在了光滑的壁炉上,像粘上去一样。

"报纸是怎么固定在壁炉上的? 明明没有涂胶水嘛。"我不解地问道。

"是电把报纸固定在了壁炉上。因为报纸带电了,并与壁炉相互吸引。"

"可是你并没有告诉我包里的报纸是带电的?"

"报纸并不是最初就带电的,而是刚才我们用刷子磨刷它,才使它带电的。"

"这么说,这才是真正的电实验吗?"

"是的。这才刚刚开始,好戏还在后头呢。你去把灯关上。"

黑暗中我隐约看见哥哥的身影和壁炉上灰白色的报纸。

"现在,请注意看我的手。"

哥哥把报纸从壁炉上拿了下来。他用一只手拽住报纸,使其悬吊起来,另一只手五指张开逼近报纸。

此时此刻,我简直不敢相信自己的眼睛。哥哥的手里迸出了火花!很长的蓝白色的火花!

"这其实是电火花。想试一下吗?"

我立刻将双手缩到背后,说:"不想。"

哥哥重新将报纸放到壁炉上,用刷子刷了几下。接着,又重复了一遍刚才的动作,他的手里再一次迸出长长的火花。我注意到,他的手指根本没有碰到报纸,而是放在距报纸 10 厘米远的地方。

"你试一下吧,只要不去触碰它,就不会弄疼你的。把手给我。"哥哥拽着我的手,把我拉到壁炉跟前:"把手张开!像这样!疼吗?"

我还没来得及弄清楚是怎么回事,几道火花就从手里迸了出来。在火花闪耀的时候,我看到哥哥并没有把报纸从壁炉上拿下来,而只是拈起一部分,下面的那一部分仍然像之前那样紧紧地贴在壁炉上,像粘上去似的。同时,在火花迸溅的瞬间有一种轻微的针刺感,但不疼。因此,我当时并没有十分害怕。

"让我再试一次吧!"我请求道。

哥哥将报纸拿回到壁炉,开始直接用手掌磨刷。

"你在干什么?为什么不用刷子?"

"没关系,都一样。"

"这次不会有火花的,因为你没用刷子,而是用手。"

但情形和上次一样,手上仍然迸出了火花。

当我迷惑不解地看着一次又一次迸出的火花时,哥哥对我说:"好了,接下来,我将给你展示放电现象。把剪刀给我。"

哥哥在黑暗中将剪刀伸向从壁炉上拿下来的那半张报纸。而我正期待着火花四溅的情景,但却发现什么也没有:虽然剪刀距离报纸有一段距离,但是张开的剪刀的两个尖部冒出道道红里泛青的细光,同时还发出"咝咝"声。

"火花会剧烈燃烧起来吗?"我好奇地问。

"当然不会。因为事实上这并不是火,而是一种冷光现象。这种冷光很冷,但是无害,它无法将火柴点燃。我们用一根火柴来代替上面实验中的剪刀……你看到了吗,被冷光重重包围的火柴并没有燃烧起来。"

"可是,我感觉火柴燃烧了,因为我看到火柴头冒出了火焰。"

"把灯打开,借着光亮,你再看一看火柴。"

这时,我才确信,火柴并没有被点燃。这就意味着,火柴周围是冷光,不是火焰。

"不必关灯了,下一个实验需要在灯光下进行。"

听话的小木棍

哥哥搬过一把椅子放在屋子中间,又找来一根木棍,他要把木棍横着放在椅背上。放了几次之后,哥哥成功地将木棍横在椅背上。

"我第一次看到,木棍还能这样放!"我惊异地说道。

"之所以能够这样放,是因为它是细长的。要是木棍很短,如铅笔等,就不行了。"

"现在进入正题。你能在不触碰木棍的前提下,让木棍转向你吗?"

我开始思考起来。

"用绳子套住木棍的一端。"

"不可以用绳子,不可以触摸。"哥哥解释说。

"啊哈,我想到了!"我喊道。

我把脸靠近木棍,开始用嘴使劲吸气,试图把拐杖吸过来。然而,拐杖仍然一动不动。

"怎么样?"哥哥问。

"没有办法。你的要求根本无法完成。"我沮丧不已。

"可以完成的。我们一起来试一试。"

哥哥从壁炉那儿拿下之前贴在上面的报纸,然后慢慢将报纸从侧面接近木棍。木棍与报纸距离不足半米。木棍似乎受到了来自带电报纸的吸引,顺从地向报纸方向转了过来。接着,哥哥通过移动报纸,使木棍在椅背上来回旋转,时而向左,时而向右。

"看到了吧,带电的报纸通过强有力的吸引,使木棍动起来并跟随报纸移动,直到报纸上的静电完全消失。"

"遗憾的是,这些实验无法在夏天进行,因为夏天是不烧壁炉的。"

"在我们的实验中,壁炉是用来干燥报纸的,必须用非常干燥的报纸才能确保实验成功。你也许会发现,因为吸收了空气中的一些水分,报纸通常会有些潮湿,所以我们必须将报纸干燥。夏天也不是绝对不能进行这类实验,只是实验效果与冬天相比会大打折扣。究其原因,不难发现,冬天,烧得暖和的房间要比夏天的房间干燥得多。可见,干燥的物体和干燥的环境对于实验的成功尤为重要。夏天,你可以将报纸放在刚刚做完饭菜的炉灶上,做完菜的炉灶温度有些降低,不至于将报纸点燃。将干燥过的报纸放在干燥的桌面上,就可以用刷子刷磨报纸来进行摩擦起电试验了。虽然报纸也会因此带电，但带电效果并不如在壁炉上摩擦时的带电效果好……好了，明天我们做新的实验。"

山上的放电现象

哥哥从书架上取下一本书，是弗拉马利翁著的《大气》，他读了起来：

索绪尔一行人登上山顶后，将随身携带的铁拐棍放在山崖边，然后开始吃午餐。这时索绪尔感到肩膀和背部有些疼痛，那种感觉像是针慢慢刺入身体一样。"我以为是披风里掉进了大头针，可是，当我把披风脱下来，疼痛不但没有缓解，反而更加严重了。疼痛很快遍及整个背部，这是一种既痒又刺痛的感觉，就像被蜜蜂蜇了一样。我赶忙脱第二件外套，疼痛感更强，渐渐变成灼伤，我仿佛觉得身上的毛衫烧着了。正当我要脱下毛衫的时候，突然听见一阵'嗡嗡'声。仔细一听，声音来自靠在山崖边的拐棍儿，像是水要沸腾的声音，这种声音一直持续将近5分钟。"

"这时我明白了，我们遭遇了山上的放电现象。由于是白天，我们没有看到拐棍上的光。当把铁拐棍拿在手中，无论是头朝上、还是头朝下或是保持水平状态，铁拐棍都会发出刺耳的声音。而脚下的泥土却没有任何反应。"

"几分钟后我感到自己的头发和胡须都竖了起来。与此同时，我的一个年轻旅伴大叫一声，原来他的头发和胡须也竖了起来，从他的耳朵尖传来一股强电流。我抬起手，感到电流从我的手指发散出来。总而言之，电流从铁拐棍、衣服、耳朵、毛发以及身上一切凸出部位发散出来。"

"我们赶快下山，向下退了100多米。越往山下走，铁拐棍的声音越小，最后，声音小到只有把铁拐棍放在耳边才能听到。"

关于索绪尔的遭遇哥哥就读到这里。接着，我又读了书中其他关于放电的描述：

当山上乌云密布时，山崖上经常会发生放电现象。

一次，沃森和一些旅行者准备攀登少女峰（地处瑞士山区）。早上天气还晴朗无云，可是当他们即将走到山口时，突然狂风大作，风中还夹杂着冰雹。这时，天空响起"轰隆"的雷声，沃森很快听见，铁拐棍发出"咝咝"声，像水烧开的声音一样。一些旅行者停了下来，发现随身携带的手杖和斧子也发出了同样的声音，并且响个不停，直到他们将手杖和斧子插到土里，声音才停了下来。突然一个人摘下帽子大声叫喊说,他的头发烧着了。的却,他的头发像带电一样,全部竖立起来。大家都感觉到自己脸上和身体的其他部位有种痒痒的感觉。而当手指在空中晃动时,手指尖也发出"嗞嗞"声。

会跳舞的小纸人

哥哥没有食言,第二天傍晚,哥哥又带着我开始做实验。首先哥哥将报纸贴在壁炉上,然后向我要了一些结实的纸。哥哥用我给他的纸剪出一些造型各异、滑稽可笑的小人。

"我可以让这些小纸人跳舞。给我拿一些大头针来。"

很快,每个小纸人的脚部都被穿上了大头针。

"这是为了避免小纸人散开,也为防止它们被报纸吹到一边,"哥哥说着将这些小纸人分散地摆在托盘里。准备停当后,哥哥宣布:"演出正式开始!"

哥哥从壁炉上取下报纸,用双手将报纸平托着,置于铺有小纸人的托盘的上方。

"起立!"哥哥向这些小纸人发出指令。

你们想一想,会出现怎样的情景?

小纸人全部站了起来,而且笔直地站着,直到哥哥把报纸撤走,它们才又重新倒了下去。不过,哥哥好像并不想让它们休息太久,他将报纸再次靠近托盘,然后又再次拿开。小纸人便随着哥哥的动作,站立、倒下……。

"要不是我这样来回移动,这些小纸人会直接跳上报纸并贴在上面。你信不信?"哥哥边说边给我演示起来。一些小纸人果然紧紧地贴在报纸上,"这就是静电引力现象。接下来,我们做一些斥力实验……你把剪刀放到哪去了?"

纸　蛇

我把剪刀递给了哥哥。哥哥又把报纸铺到壁炉上。

过了一会儿,哥哥开始剪报纸。哥哥从报纸底边开始剪,先从下往上剪出一个细条,但是剪到最上边的时候没有剪断。接着又用这种方式,剪出第二条、第三条、第四条……。哥哥剪出七八个这样的纸条,报纸被剪成了胡须状。正如我所预料的那样,在哥哥剪报纸的过程中,报纸并没有从壁炉上掉下来。哥哥用手抓住报纸的顶部,用刷子刷了几下报纸,接着用手指抓住报纸的顶部,把它从壁炉上取了下来。

这时,我看到,每一个下垂的细纸条开始逐个分散开,明显感到,纸条之间出现了相互排斥现象。

哥哥解释说:"它们之所以会——散开,是因为它们自身都带了电。但是,它们会被不带电的物体吸引。把你的手伸到纸条中间,这些细纸条会被你的手吸引过去。"

我蹲下来,把手伸到这些纸条中央,可是伸着伸着就无法继续了,因为纸条像蛇一样缠住了我的手,使我没法继续下去。

"这些'蛇'没吓到你吧?"哥哥问道。

"当然没有,我知道是纸条。"

"可我却很害怕这些纸条。你是不知道它们有多么可怕啊!"

头发竖起来

哥哥将一张报纸放在自己头上方,这时,我看到哥哥的头发全都竖立起来。

"这也是实验吗?"

"这不正是我们做的实验吗? 只不过是换了一种方式罢了。报纸使我的头发也带了电,并且牵引着我的头发。同时,每一根头发又如前面的那些细纸条一样相互排斥。你把镜子拿过来,你会看到,你的头发也会这样竖立起来。"

"不疼吗?"

"放心吧,一点也不疼。"

接下来,我在镜子中清晰地看到自己的头发也神奇般地竖立起来。真的丝毫没有感觉到疼,只是有些痒。

至此,今天的实验全部结束。哥哥答应我明天继续做实验。

小 闪 电

第二天晚上,哥哥带着我继续做实验,不过实验的准备工作却十分奇特。

哥哥拿来 3 个杯子。他把杯子放到壁炉边烘烤一会儿,然后放在桌子上。接着他将托盘也放在壁炉旁烘烤一会,将其盖在 3 个杯子上面。

"这会怎样呢?"我好奇地问,"杯子应该放在托盘上,而不是托盘放在杯子上!"

"等等,别急。下面我们要进行闪电实验。"

哥哥又去壁炉那边,目的是去摩擦壁炉上的报纸。摩擦一阵之后,他又将报纸对折,继续摩擦。然后,哥哥把报纸拿了过来,把它放在托盘上。

"你摸一下托盘……不是很凉吧?"

我毫不犹豫地用手去触碰托盘。触到托盘的一刹那,我立刻把手缩了回来:不知什么东西发出"噼啪"的声响,我感觉我的手指被刺痛了一下。

哥哥哈哈大笑起来说:"怎么样?你被雷电击到了吧。听到'劈啪'声了吗?这就是小雷电的声音。"

"我感觉像是被针扎了一样,但是没看见闪电。"

"如果我在黑暗中再做一遍这个实验,你就会看到了。"

"不过我可不想再碰托盘了!"我心有余悸地说。

"放心吧!你可以用钥匙或茶匙触碰托盘,来激起电火花。用钥匙或茶匙触摸的时候,你不会有什么感觉,但电火花确实不小。我先自己激起电火花,等你完全适应了黑暗,你再去做。"

说着,哥哥关掉了屋里的灯。

"从现在开始不要出声。仔细观察钥匙和托盘。"哥哥嘱咐道。

在托盘和钥匙接触的一瞬间发出"劈啪"声,同时伴有半根火柴长的耀眼的蓝白色电火花。

"看到闪电了吗?听到雷声了吗?"哥哥问道。

"可是它们是同时发生的。而真正的雷声总是晚于闪电。"

"没错。我们总是在闪电之后听见雷声。但是在我们的实验中,'劈啪'声和电火花确实同时产生了。"

"为什么我们会后听到雷声呢?"

"你所看到的闪电,不是电,而是光,光的传播速度很快,瞬间就能穿越地球上很远的距离。而雷电是一种爆炸,这种爆炸的声音在空气中的传播速度就不那么快了。所以它被闪电远远甩在后面,因此我们总是先看见闪电,后听见雷声。"

哥哥把钥匙递给我,然后取下报纸,此时我的眼睛已经适应了黑暗。哥哥让我自己试着去引起火花。

"不用报纸还会出现火花吗?"

"你试一下就知道了。"

我还没来得及把钥匙真正接触到托盘,就看见一道道明亮的火花。

现在,哥哥又将报纸放到托盘上,我又试了一次,但这次火花明显弱了很多。之后,哥哥又尝试很多次,他将报纸放在托盘上,然后又将报纸从托盘上拿起来(没有再放在壁炉上摩擦报纸),我一次又一次引出火花,火花一次比一次弱。

"如果不是直接用手拿报纸,而是用细线或布条,火花会更长。等你以后真正学习物理的时候,你就会知道其中的原因了。暂时你还只能用眼睛来看这些实验,无法用头脑去思考和发现这些实验的本质。"

灯 泡 实 验

昏暗中哥哥把一部分报纸从壁炉上摘下来并将灯泡的底部靠近报纸。只听见轻微的"劈啪"声,闪现出小火花。在一瞬间,整小灯泡被柔和的浅绿色光芒所笼罩。

"这是我最喜欢的实验。"哥哥说,他一边将灯泡靠近带电报纸的不同位置,一边继续从亮光中获取小火花。"可以把报纸放到托盘上,通过托盘上产生的小火花做那个实验,效果更好。"

他把报纸放到托盘上,果然灯泡由于小火花而变得更亮了。但当他用灯泡从没有盖儿的托盘上获取火花时,我们并没看到浅绿色的亮光。

将来你就会明白了。你还会知道这些实验是如何应用于生产的。在工厂生产真空灯泡时,颜色是重要的评定指标之一。摩擦灯泡,如果此时它没有发亮,或者只发出极微弱的绿色光亮,这说明,灯泡内部空气已被排出,并且最大限度地被排净。如果在摩擦灯泡时,它通体光亮为青蓝色,说明其质量存在问题。若颜色为玫红色、浅红或者白色,则灯泡质量不合格,是废品,这样的灯泡是禁止出售的,因为其内部空气过多。现在继续我们的实验。我事先准备好了一只煤油灯,我想若将火花放到它里面会,会很有趣,不知道结果会是怎样?

哥哥将煤油灯底部靠近托盘。火花进现,灯泡内闪过一道浅绿色的亮光。同时听见细微的隐约能听到的响声,好像精美的玻璃制成的小铃铛发出的声音。

"什么声音?"我问。

"啊,听出来啦!这是灯内纤韧的钨丝颤动时打到灯泡内壁发出的声音。现在,在灯光下你看一看,它是怎么颤动的。"

哥哥把电从灯座上拧下来换上煤油灯,他打开灯并把带电报纸靠近煤油灯。还没等他走到跟前,玻璃灯罩内烧红的纤丝就不停地抖动起来,哥哥通过调整报纸与灯的距离让纤丝继续抖动。

"不能用电灯泡做那个实验,因为它里面的灯丝不是可松动的,而是绷紧的。现在还有一个实验,用水流来做。我们要在厨房的水龙头旁边去做。现在我们把报纸就先留在壁炉上吧。"

水 流 实 验

"下面的实验需要借助水流来完成。我们得在厨房的水龙头旁来进行这个实验。把报纸暂时放在壁炉上吧。"

我们拧开水龙头,水急速流下,大声拍打着盆子底部。

"现在,在不用手引导的情况下,我能让水流改变方向。你想让水流往哪儿流?向左,向右还是向前?"

"向左。"我不假思索地说道。

"没问题。别碰水龙头,我去把报纸拿来。"

哥哥取来报纸。他用手指夹住报纸,胳膊前伸,努力使它远离自己的身体,以使报纸保持静电。当他从左侧将报纸靠近水流时,水流果真开始向左弯曲,当从右侧靠近水流时,水流又向右侧弯曲。最后,哥哥用报纸在正面吸引水流,水流顺从地往前流,甚至流出盆外。

图 98　水流在带电木梳的作用下偏移。

"看到静电的力量有多大了吧?你也可以不用壁炉或灶台,用一些简易的方式也可以进行这项实验。比如你可以用普通的橡胶梳子,"哥哥说着,从口袋里掏出一把橡胶梳子,并用它在头发上梳了几下,"你看,这样梳子就带电了。"

"可是,你的头发没有电呀?"

"是的!我的头发和你以及所有人的一样,都是普通的头发。但当橡胶梳子与头发发生摩擦后,橡胶梳子就带电了,与报纸和刷子摩擦带电是一个道理。你看!"

哥哥将橡胶梳子靠近水流,水流明显发生了倾斜现象。

带 电 的 人

一个著名的电气专家给我讲了这样一件有趣的事情。

当他还是一名年轻的工程师时,他在一个城市的供电系统工作。一天,分配给他一个特殊的任务。一个用户说,房间里经常发生奇怪的现象,房间里的家居物品总会冒出火花。需要检查一下电网,可能是漏电,漏电一般会引起火花。

到了用户家,工程师被带到书房,书房宽敞开阔,家具陈设也不错,地上铺着丝地毯。工程师马上明白,用户说得没错。比如用户说,当他站着用手指靠近暖气时就会感到轻微的刺痛并听到明显的"劈啪"声,还伴随着电火花。

用户说:"你看,我经常遇到这种情况,一拉书桌抽屉就冒火花。"

工程师让这个用户拿来一个梯子检查一下天花板上悬挂着的大型吊灯。还没等他把手伸过去,他的手指就被火花打了一下。

供电网并没有问题,因为工程师关闭了房间电闸。但是即使关闭了电闸,火花依旧出现。事情变得扑朔迷离,没有电,但是有电火花。

的确,按照用户所说,火花并不总是大量出现。也许一天或连续几天不冒火花。但随后又像之前一样频繁出现。

问题到底出在哪?后来工程师明白了,尽管切断了电源,但放电现象仍然存在,说明这件事情与电无关。

答案其实非常简单。住户的房间本身就是电源。丝毯是引起这一切的罪魁祸首。人在上面行走时由于鞋底在丝毯上摩擦而带电。人就会成为电的携带者。不是房间里的物品,而是人带上了电,火花从带电人的手上飞出来。更准确地说,火花在人与接地的物体之间一闪而过。事情发生在寒冬时节,天寒屋燥,我们知道,这正是电解最有利的条件。

实际上,我们的身体在任何天气中、任何环境下都会由于自己的每一次移动而带电,前提是移动引起摩擦。但产生的电在大多数情况下会立刻导入大地,本身并不会有什么显现,所以我们一般看不见它。只有当你的身体被绝缘时,也就是说被电的绝缘体与大地分开时(刷子就是绝缘体),电才会留在体内并以火花的形式表现出来。